Klaus Felten

Verzahntechnik

Verzahntechnik

Das aktuelle Grundwissen über Herstellung und Prüfung von Zahnrädern

Dr.-Ing. Klaus Felten

5. Auflage

Bibliografische Information Der Deutschen Bibliothek

Die Deutsche Bibliothek verzeichnet diese Publikation
in der Deutschen Nationalbibliografie;
detaillierte bibliografische Daten sind im Internet über
http://www.dnb.de abrufbar.

Bibliographic Information published by Die Deutsche Bibliothek

Die Deutsche Bibliothek lists this publication
in the Deutsche Nationalbibliografie;
detailed bibliographic data are available on the internet at
http://www.dnb.de

ISBN 978-3-8169-3441-7

5. Auflage 2018
4., durchgesehene Auflage 2016
3. Auflage 2012
2., neu bearbeitete Auflage 2008
1. Auflage 1999

Tel.: +49 (0)71 59-92 65-0, Fax: +49 (0)71 59-92 65-20
E-Mail: expert@expertverlag.de, Internet: www.expertverlag.de

Printed in Germany
Covergestaltung: r² - röger & röttenbacher, büro für gestaltung, Leonberg /
Ludwig-Kirn Layout, Ludwigsburg

Vorwort

Vorwort zur 1. Auflage

Der Inhalt des vorliegenden Bandes entstand begleitend zur Vorlesung „Verzahntechnik“ des Instituts für Werkzeugmaschinen und Betriebstechnik (wbk) an der Technischen Universität Karlsruhe. Daraus erklärt sich auch der Charakter der Abhandlung, in der ein Versuch gemacht wird, die überaus komplexen Zusammenhänge der verzahntechnischen Herstell- und Meßverfahren so einfach verständlich darzustellen, daß keine verzahnspezifischen Vorkenntnisse notwendig sind. Zielsetzung des Buches ist es also nicht, dem Verzahnungsfachmann ein weiteres Fachbuch an die Hand zu geben; es soll vielmehr den interessierten Maschinenbauer an die Verzahntechnik heranführen und so eine Brücke zur Spezialliteratur bauen.

Bei der Erstellung des Manuskriptes und der Abbildungen war das wbk eine überaus wertvolle Hilfe. Aus diesem Grunde sei den verantwortlichen Professoren, ganz besonders aber Herrn Dipl.-Ing. Oliver Doerfel, der auch bei der Abfassung des Textes mit kritischem Rat zur Seite stand, herzlich gedankt. Bedanken will ich mich auch bei den Instituten, Firmen und Verlagen, die die Entstehung des Buches mit Fotos und eigenen Veröffentlichungen unterstützt haben. Ein besonderer Dank gilt Herrn Robert Wais von der Maschinenfabrik Lorenz GmbH, der die gesamte Gestaltung von Text- und Bildmaterial durchgeführt hat.

Zum Inhalt und zur Gliederung des Buches ist folgendes zu sagen. Nach einer kurzen Abhandlung der Geschichte des Zahnrades werden die wichtigen Grundlagen der Verzahnungsgeometrie erläutert. Die anschließende Erläuterung der einzelnen Verzahnverfahren für Stirn- und Kegelräder orientiert sich an einer systematischen Einteilung dieser Verfahren in Gruppen, die jeweils alternativ für dieselbe Aufgabe angewandt werden können. Einmal für Stirn-, dann für Kegelräder werden folgende Verfahrensgruppen gebildet:

- Spanlose Verfahren
- Verfahren zur Vorverzahnung weicher Werkstoffe
- Verfahren zur Feinbearbeitung weicher vorverzahnter Werkstoffe
- Verfahren zur Bearbeitung gehärteter Verzahnungen mit geometrisch unbestimmter Schneide
- Verfahren zur Bearbeitung gehärteter Verzahnungen mit geometrisch bestimmter Schneide

Mit jeder dieser Verfahrensgruppen werden die zum Verständnis notwendigen Grundlagen erläutert, also z.B. die Prinzipien der Spanbildung bei den spanenden Verfahren oder die Grundlagen der Wärmebehandlung vor den Hartbearbeitungsverfahren.

Innerhalb der Erläuterung einzelner Verfahren werden jeweils die technologischen Grundlagen, die Kinematik der entsprechenden Werkzeugmaschinen sowie typische Werkzeugausbildungen erklärt. Eine Abhandlung der Verzahnungsmeßgrößen und typischer Verzahnungsabweichungen beschließt das Buch.

Für den Autor bleibt zu hoffen, daß das Buch *Verzahntechnik* dem Anspruch, „ungeübte Verzahner" an die komplexe Materie heranzuführen, in vollem Umfang gerecht wird.

K. Felten

Vorwort zur 2. Auflage

Die vorliegende 2. Auflage des Bandes *Verzahntechnik* wurde gegenüber der ersten Fassung aktualisiert und dem Stand der Technik angepasst. Die Verfahren „Hartschaben", „Läppen" und „Schälwälzstoßen" sind eliminiert worden; die Verfahren „Harträumen" sowohl mit geometrisch bestimmter als auch unbestimmter Schneide sind neu aufgenommen worden. Zudem wurde das Kapitel „Quellenverzeichnis und weiterführende Literatur" durch Veröffentlichungen bis in die jüngste Zeit ergänzt.

Ich bedanke mich auch diesmal herzlich bei den Herstellern und Anwendern von Verzahnmaschinen, die Text- und Bildmaterial zur Verfügung gestellt haben. Mein Dank gilt auch den Verantwortlichen des Instituts für Produktionstechnik (wbk) an der Universität Karlsruhe, besonders den Herren Dr.-Ing. Andreas Bechle und Christoph Kühlewein, die mir bei der Überarbeitung des Manuskriptes stets mit Rat und Tat zur Seite standen.

K. Felten

Vorwort zur 4. und 5. Auflage

Das Buch *Verzahntechnik* liegt nun nach recht kurzer Zeit nach der 4., durchgesehenen bereits in der 5. unveränderten Auflage vor. Der Versuch, mit dieser Abhandlung explizit die Grundlagen der Verzahntechnik zusammen zu fassen, ist offensichtlich gelungen, und die Konzeption des Buches hat sich bewährt. Ich bin überzeugt, dass es auch weiterhin den Zugang zur komplexen Materie der "Verzahntechnik" erleichtert.

K. Felten

Inhaltsverzeichnis

1 Geschichte von Zahnrad und Verzahnmaschine

1.1 Das Zahnrad als Symbol

Das Zahnrad ist ein altes und bewährtes Maschinenelement. Trotz des zahlenmäßigen Rückgangs der technischen Anwendungen wird es nicht nur in Maschinen, sondern auch im übertragenen Sinne als Symbol für Verbindung, Zusammenwirken, Vertrauen und Solidität verwendet. Das mag damit zusammenhängen, dass Zahnräder nie einzeln, sondern immer mehrfach auftreten und dass ein einwandfreier Lauf von Zahnrädern nur mit Hilfe sehr hochwertiger Herstellmethoden möglich ist. So gilt das Zahnrad auch heute noch als Symbol für hochwertige Technik und dies sogar in Bereichen, die mit Mechanik oder Maschinenbau nichts mehr zu tun haben, wie z.B. im Bereich elektronischer Produkte, in der Werbung von Unternehmensberatungen oder auch als Verbandssymbol.

1.2 Erste technische Anwendungen

Über die Erfindung des Zahnrades oder die Nutzung der ersten Zahnräder ist nichts bekannt. In ersten Überlieferungen über technische Anwendungen wird so selbstverständlich vom Zahnrad berichtet, dass man annehmen kann, dass es lange vor diesen Beschreibungen bereits einen breiten Einsatz einfacher Zahnräder gab. Mit Sicherheit waren die ersten Zahnräder aus Holz hergestellt, so dass von ihnen nichts übrig geblieben ist. Die erste bekannte Erwähnung, hinter der man Zahnräder vermuten muss, stammt von Aristoteles um 350 v. Chr. Er beschreibt in seinen „mechanischen Problemen“ unter anderem auch Drehräder aus Erz und Eisen, um drehende Bewegungen umzukehren.

Archimedes, geb. 287 v. Chr., benutzte ein neunstufiges Zahnradgetriebe mit Schneckenantrieb, um ein Kriegsschiff mit 4200 t Gewicht, das mit menschlicher Kraft nicht mehr zu bewegen war, vom Stapel laufen zu lassen. Eine der Beschreibung entsprechende Rekonstruktion dieses Getriebes ist auf **Bild 1-1** dargestellt. Die Beschreibung dieser technischen Lösung stammt aus dem „mathematischen Sammelwerk“ von Pappus um 300 n. Chr., also

500 bis 600 Jahre nach ihrer Anwendung. Trotz dieser langen Zeitspanne wird an der technischen Beschreibung nicht gezweifelt, da die Konstruktion des Getriebes auch in anderen Geschichtswerken, z.B. bei Heron, in gleicher Weise auftaucht. In verschiedenen späteren Abhandlungen wurde der Begriff „helix" fälschlicherweise mit „Hebel" übersetzt. Der griechische Begriff „helix" meint jedoch „Schnecke". Der Wortstamm von „helix" findet sich auch im englischen Wort „helical", das Schrägverzahnung bedeutet.

Der Sinn des Zahnradantriebs ist offensichtlich. Im Gegensatz zum Hebel ist eine kontinuierliche Bewegung möglich. Durch Mehrstufigkeit kann man die Kraft praktisch nahezu beliebig verstärken. Bei Zahnrädern tritt kein Schlupf auf, und zusätzlich lässt sich mit Hilfe von Zahnrädern auch ein Abstand zwischen Antrieb und Abtrieb überbrücken.

Der nächste historische Name, der mit Zahnrädern verbunden ist, ist Vitruv. Vitruv lebte unter Cäsar und Augustus und schrieb 30 bis 16 v. Chr. ein Buch über Architektur, die damals auch den Bau von Uhren und Maschinen umfasste. In der Beschreibung einer römischen Wassermühle nimmt Vitruv Bezug auf Schöpfräder ägyptischer Sakies, die 200 bis 300 Jahre v. Chr. in Ägypten entstanden waren. Sakies sind von Kamelen oder Ochsen angetriebene Wasserschöpfmaschinen, die für die Bewässerung großer Flächen eingesetzt wurden und die ebenfalls mit einfachen Zahnrädern arbeiteten. Vitruv beschreibt ein ähnliches Antriebsprinzip, das dazu dient, mit Wasserkraft und einem nachgeschalteten Getriebe Mühlsteine in Umdrehung zu versetzen /SPU-91/.

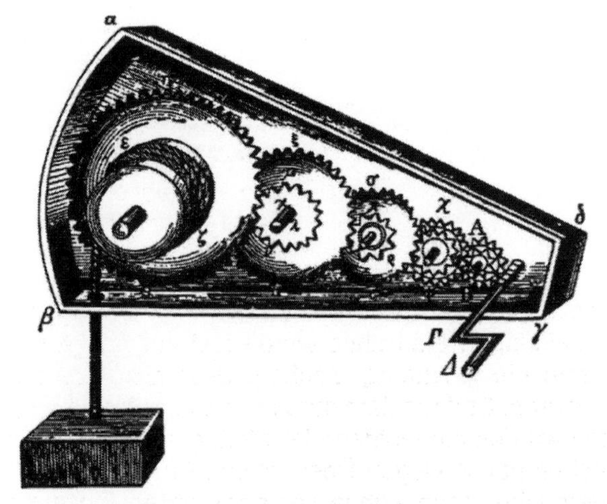

Bild 1-1: Zahnradwinde des Archimedes /MAT-40/

1.3 Zahnräder im Mittelalter

Getriebekonstruktionen und Zahnräder haben sich nach den ersten Erwähnungen über Hunderte von Jahren kaum verändert. Zahnräder wurden vorwiegend in Mühlen zur Nutzung der Wasserkraft eingesetzt. Bildhafte und geschriebene Überlieferungen zeigen, dass bis zum Jahr 1500 n. Chr. nahezu kein technischer Fortschritt im Getriebebau zu verzeichnen war. Dabei war die technische Vielfalt der Anwendungen weit geringer als sie bereits bei Archimedes dokumentiert ist. Ab 1200 n. Chr. wurden auch Uhren mit einfachen Verzahnungen angetrieben, vorwiegend im Zusammenhang mit dem Bau von Kirchen. Solche Zahnräder wurden auch aus Guss hergestellt, ohne dass die Zähne der Räder anschließend bearbeitet wurden. Auf die Ganggenauigkeit der Uhren hat dies keinen Einfluss, da diese durch das Übersetzungsverhältnis und nicht durch die Zahnqualität bestimmt wird.

Erst ab ca. 1500 n. Chr. sind neue Impulse in der Entwicklung von Zahnrädern und Zahnradgetrieben feststellbar. Großen Anteil daran hatte Leonardo da Vinci, dessen Zeichnungen neben den bekannten Verzahnungsarten auch Schraubräder, Schneckenräder und Schrägverzahnungen zeigen. Triebfeder dieser Entwicklungen war aber auch die aufkommende Mechanisierung in der Wehr- und Kriegstechnik. So hat Leonardo auch Zahnräder für ungleichförmige Bewegungen gezeichnet, die zum Spannen einer Armbrust eingesetzt werden sollten. Auch die Globoidschnecke mit zugehörigem Ritzel findet sich bereits bei Leonardo.

Den Stand der Mühlentechnik zu dieser Zeit zeigt **Bild 1-2**. Die Zeichnung wurde von Jacopo de Strada (1523 bis 1588) für sein Maschinenbuch (erschienen 1617) erstellt. Interessant dabei ist, dass als Antrieb nicht mehr die Wasserkraft dient, sondern ein Pferdegöpel. Unter Göpel versteht man einen radialen Hebel an einer Rotationsachse als Zugvorrichtung. Darüber hinaus ist bei der im Bild gezeigten Mühle neben dem nach oben abgezweigten Antrieb der Mühlsteine auch der zusätzliche Antrieb einer Schleifvorrichtung über eine Seilscheibenübersetzung gezeigt.

Ende des 17., Anfang des 18. Jahrhunderts waren die einzigen verfügbaren Antriebsquellen Wasserkraft, Windkraft, Tiere oder die eigene manuelle Betätigung. Als Material für die Zähne wurde fast ausschließlich Holz verwendet. Man musste die Erfahrung machen, dass Getriebe am Anfang sehr schwergängig waren. Erst mit dem durch das Einlaufen bedingten Verschleiß an den Zähnen wurden die Getriebe leichtgängiger und sehr gut eingelaufene Zähne brachen häufig wegen Überlastung. Aus dieser Erkenntnis heraus entstanden Versuche, neue Zähne vor dem ersten Einsatz zu bearbeiten, um sie leichtgängiger zu machen. Eine Vielzahl in Museen ausgestellter Beispiele zeigt alte Getriebe mit ausgelaufenen Holzzähnen.

Bild 1-2: Mühle mit Göpelantrieb (1580) /SPU-91/

Literatur über Maschinen und Maschinenteile, also auch über Zahnräder, war im Mittelalter nur wenig verbreitet. Die Gelehrten schrieben in der Regel lateinisch und die Praktiker schrieben keine Bücher. Zu dieser Regel gibt es nur wenige Ausnahmen. Hier einige Beispiele:

- Acricola (1490 bis 1555): „De re metallica“
- Zeising (1612): „Theatrum machinarum“ (Mechanische Künste)
- Böckler (1661): „Theatrum machinarum novum, neu vermehrter Schauplatz der mechanischen Künste“
- Sturm (1718): „Vollständige Maschinenbaukunst“
- Leupold (1724): „Theatrum machinarum“

Unter den Mühlenbauern war die Abhandlung von Sturm aus dem Jahre 1718 mit dem Titel: „Vollständige Mühlenbaukunst“ stark verbreitet. Sie enthält wichtige Angaben über Form, Werkstoff und Bearbeitung der Zähne. Bei Sturm finden sich auch Angaben über die Teilung von Zahnrädern, über Wälzkreise und über sinnvolle Rundungen der Zahnflanken, abhängig davon, ob es sich um ein Kamm- oder um ein Sternrad handelt. Bei einem Kammrad befinden sich die Zähne auf der Planseite des Rades, beim Sternrad sind sie in radialer Richtung angeordnet (Stirnrad). Sturm schlägt vor, Radien an Zahnflanken abhängig von der Teilung zu wählen; er macht auch Vorschläge für die Holzqualität der Zahnräder und bemerkt, dass sich am besten trockenes Holz eignet, das bei abnehmendem Mond im Winter gehauen wird.

Das wichtigste technische Werk zur damaligen Zeit war das „Theatrum machinarum“ von Jacob Leupold von 1724. Es umfasst 8 Bände mit 1764 Seiten und 472 Kupfertafeln und ist geschrieben für „Leuthe, die keine Sprachen noch andere Studia besitzen“. Das 5. Kapitel in diesem umfassenden Werk ist dem Thema „Rad und Getriebe“ gewidmet. Auch Leupold macht Vorschläge zur Gestaltung der Zähne an Zahnrädern, wobei er nahezu alle Größen aus der Teilung ableitet.

Die ersten mathematischen Untersuchungen über theoretische Zahnkurven fanden nahezu gleichzeitig – wenn auch an anderer Stelle – statt. Sie waren Leupold völlig unbekannt. Bei hölzernen Rädern ist eine strenge theoretische Auslegung auch nicht besonders sinnvoll, da Holz unter Einfluss von Feuchtigkeit quillt. Leupold erwähnt zwar auch Räder aus Eisen, Messing oder Bronze, war damit aber seiner Zeit wohl noch voraus. Karl Neumann, ein preußischer Wasserbauinspektor, gibt in seinem Buch „Wasser-Mahl-Mühlenbau“ von 1810 noch Empfehlungen zur richtigen Behandlung von Holzzähnen. Neumann weist darauf hin, dass die richtige Form der Zähne für einen gleichförmigen Lauf einer Mühle von entscheidender Wichtigkeit ist und dass in dieser Hinsicht ein erheblicher Nachholbedarf besteht.

Mit dem Aufkommen von Dampfmaschinen und moderneren Verkehrsmitteln wie Eisenbahnen wurden für Zahnradgetriebe neue Anwendungen erschlossen. Bei Eisenbahnen wurden zunächst grundsätzlich Zahnradantriebe eingesetzt, d.h. Schienen als Zahnstange ausgeführt oder durch Zahnstangen ergänzt; später wurde dieses Prinzip nur noch für die Überwindung von Steigungen benützt. Als Material für diese Zahnräder wurde nun mehr und mehr Metall anstatt Holz verwendet. Vor dieser Zeit fand sich eine breitere Anwendung von Metallzahnrädern ausschließlich in Uhren. Mit diesen neuen Anwendungsgebieten entstanden auch der Wunsch und die Forderung, Metall besser bearbeiten zu können. Bevor die hierzu notwendige Technik verfügbar war, gab es Zwischenlösungen, bei denen auf gegossene Grundkörper Holzzähne aufgesetzt wurden, die sich leichter in die richtige Form bringen ließen.

1.4 Wissenschaftliche Entwicklung der Zahnform

Bis ins 18. Jahrhundert hinein gab es – besonders bei großen Rädern – nur eine rohe und handwerkliche Teilung und Formgebung der Verzahnung. Warum das in vielen Fällen ausreicht, soll am Bild 1-3 erklärt werden.

In dieser Darstellung kämmen zwei Räder miteinander, Rad A treibt, Rad B wird angetrieben. Zu diesem Zweck trägt Rad A vier punktförmige Stifte a, b, c und d. Für eine zwangsläufige Bewegungsübertragung reicht es nun aus, wenn vom getriebenen Rad B immer ein Vorsprung (Stift, Zapfen oder Zahn) in dem von beiden Rädern gemeinsam bestrichenen Bereich liegt, der durch die Winkel Ψ_1 und Ψ_2 charakterisiert wird. Man kann die geometrische Bedingung für eine Bewegungsübertragung auch so definieren, dass am Rad B der Winkel Ψ_2 > Winkel τ_2 sein muss, dabei ist τ_2 der Teilungswinkel und charakterisiert den Abstand zweier Zähne des Rades B. In diesem Fall ist eine Überdeckung vorhanden.

Mathematisch formuliert bedeutet dies, dass für die Überdeckung ε_2 des Rades B gilt: $\varepsilon_2 = \Psi_2/\tau_2 > 1$. Die Größe des Teilungswinkels τ_1 von Rad A kann dabei beliebig groß sein. Er setzt sich zusammen aus dem Schaltwinkel γ und dem Rastwinkel β. Innerhalb des Schaltwinkels wird Rad B durch einen der auf Rad A sitzenden Stifte mitgenommen, wenn kein Rückdrehen auftritt, bleibt Rad B innerhalb des Rastwinkels stehen.

Bei Getrieben mit Rast spricht man von „Schaltrădergetrieben", wobei der Rastgrad am Rad A als Verhältnis von Winkel β zur Teilung τ_1 definiert ist. Getriebe dieser Art arbeiten auch bei grober Teilung und beliebiger Zahnform. Das Grundgesetz aller Zahntriebe bleibt erhalten, dass die mittlere Übersetzung gleich dem umgekehrten Verhältnis der Zähnezahlen entspricht. Falls nicht z.B. Eigenreibung den Rücklauf von Rad B verhindert, muss für eine einwandfreie Funktionsweise eines Rasträdergetriebes auch das Rad A eine Überdeckung besitzen, es muss also für die Überdeckung des Rades A gelten, dass $\varepsilon_1 = \Psi_1 / \tau_1 > 1$ oder $\Psi_1 > \tau_1$ ist. Man kann diese Bedingung auch so ausdrücken, dass Rad A nur eine „Innenrast" besitzen darf, dass also für den Rastwinkel gelten muss: $\beta_{1max} = \Psi_1 - \tau_1$. Damit wären also am Rad A nun 6 Zähne a', b', c', ... nötig statt vorher 4 Zähne a, b, c, d.

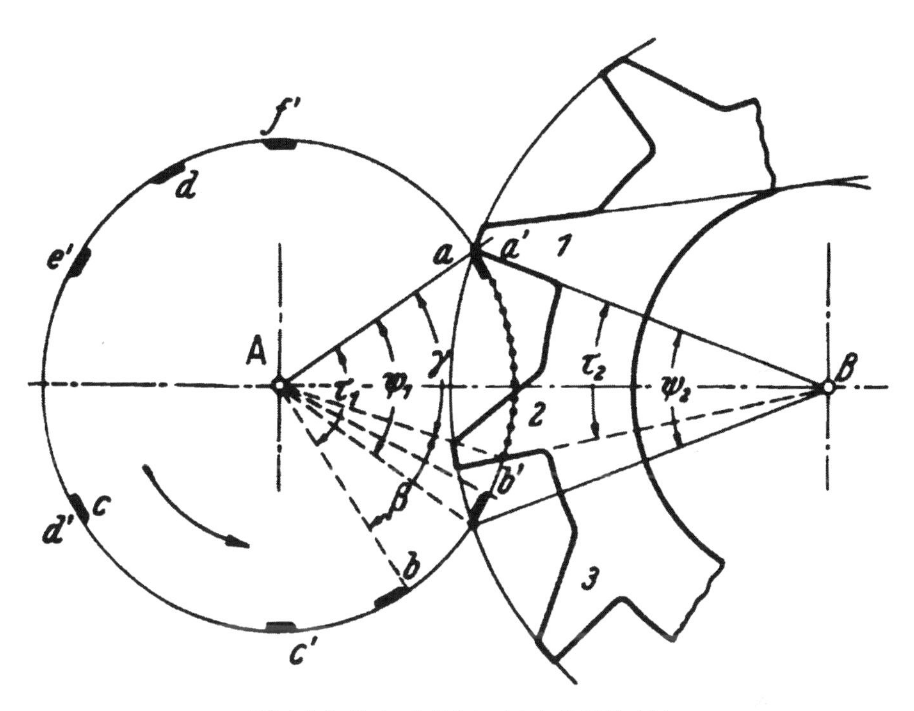

Bild 1-3: Schalt-Rädertrieb /MAT-40/

In den meisten technischen Anwendungen wird ein rastfreier Antrieb verlangt, wie er beispielhaft im **Bild 1-4** dargestellt ist. Mathematisch bedeutet diese Forderung, dass der Rastwinkel $\beta = 0$ sein muss, damit wird der Schaltwinkel γ = Teilungswinkel τ_1. Die Einhaltung dieser Bedingung erfordert eine sorgfältige Teilungspassung der Zahnkränze, da die Eingriffe sich gegenseitig direkt ablösen.

Bevor entsprechend genaue Maschinen zur Verfügung standen, wurde das Problem oft sehr pragmatisch gelöst. Man stellte auf möglichst einfache Weise ein Erstrad her und fertigte davon eine Schablone. Anschließend suchte man die passende Gegenverzahnung mit einer abwälzenden Gegenschablone. Danach erfolgte die Übertragung der gefundenen Formen auf alle Zähne. Diese Arbeitsweise wurde noch bis ins 19. Jahrhundert hinein praktiziert.

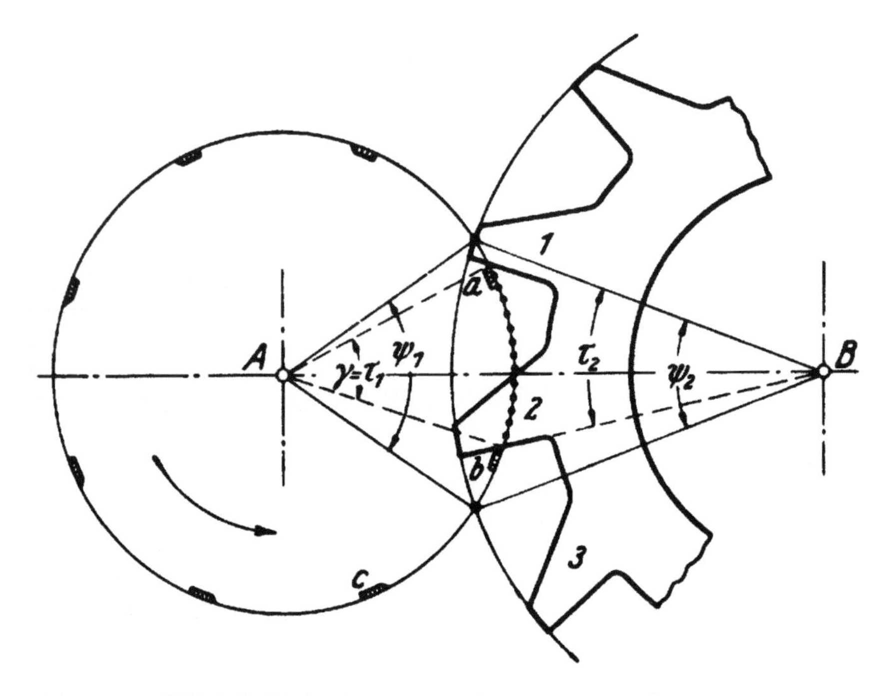

Bild 1-4: Rädertrieb mit rastfreiem Antrieb /MAT-40/

Von Beginn des 19. Jahrhunderts an fand eine ständige Suche nach der richtigen Paarung zweier Zahnräder statt. Einige Wissenschaftler haben sich besonders um die theoretische Durcharbeitung von Verzahnungen verdient gemacht. Die wichtigsten sollen hier erwähnt werden. Es sind:

- De la Hire (1640-1718)
- M. Camus (1690-1768)
- Leonhard Euler (1707-1783)
- Robert Willis (1800-1875)
- Franz Reuleaux (1829-1905)

Die Ergebnisse ihrer Forschungen und Überlegungen werden im nachfolgenden Kapitel 2 behandelt. Hier sei nur gesagt, dass sich de la Hire vorwiegend mit Zykloiden-Verzahnungen, Camus mit Uhren-Verzahnungen und Euler mit Evolventen-Verzahnungen beschäftigt hat. Euler war Schweizer Mathematiker und kannte weder die Arbeiten von de la Hire noch die von

Camus. Die Motivation von Euler, Verzahnungen zu entwickeln, war die Frage, ob es Zahnrädertriebe mit formschlüssigen Zähnen ohne Gleitreibung gibt. Euler fand nach mehrjährigen theoretischen Überlegungen die Evolventenflanke als die einzig richtige Lösung. Die Evolventenverzahnung wird heute in nahezu allen technischen Getrieben eingesetzt.

1.5 Entstehung der Verzahnmaschinen

Während das Zahnrad ein sehr altes Maschinenelement ist, begann die zumindest teilweise automatisierte mechanische Herstellung erst Mitte des 19. Jahrhunderts. Von den Schwierigkeiten, ohne geeignete Maschinen Verzahnungen herzustellen, zeugt ein Bericht von Max Eyth über die Bearbeitung eines großen Zahnrades in einer Heilbronner Maschinenfabrik aus dem Jahre 1856, der hier in gekürzter Form zitiert werden soll:

„Es bestand aus 8 Segmenten und hatte 8 mal 48, 7 Zoll breite Zähne, mit denen es mich drohend anfletschte. Man setzte mich armen jungen Wurm vor das Ungetüm, gab mir 4 Meißel, einen Hammer und ein paar wohlgebrauchte alte Feilen und vertraute mir eine Blechschablone an, in der ich kopfnickend eine Epizykloidenverzahnung erkannte; denn umsonst hatte ich denn doch das Polytechnikum nicht besucht."

Die Herstellung von Zahnrädern mit Hilfe von Verzahnmaschinen kam erst zu Beginn des 20. Jahrhunderts richtig in Gang. Sie wurde ausgelöst durch das so genannte Pfauter-Patent „Verfahren und eine Maschine zum Fräsen von Schraubenrädern mittelst Schneckenfräsers", das 1900 erteilt wurde. Mit der Erfindung des so genannten Differentials gelang der Übergang vom Formfräsen zum Wälzfräsen und damit die Herstellung von Zahnrädern im automatischen Ablauf ohne einzelne Teilvorgänge. Die Erfindung des Differentials bildet auch heute noch die Basis moderner Wälzfräsmaschinen, auch wenn in modernen Maschinen heute nicht mehr mit mechanischen Getriebezügen, sondern nur noch mit selbständigen Achsantrieben gearbeitet wird. Bis zum Ende der Laufzeit des Pfauter-Patents 1912 hatte Pfauter bereits ca. 2000 Wälzfräsmaschinen vorwiegend nach USA geliefert.

Das starke Wachstum der Automobilindustrie brachte einen ungeheuren Bedarf an Getrieben und Zahnrädern mit sich. Gleichzeitig stiegen die Anforderungen an Belastbarkeit und Laufruhe der Zahnräder immer mehr. Dieser Trend ist bis heute ungebrochen und löste immer wieder neue Entwicklungen auf dem Maschinen- und Werkzeugsektor aus.

Die ersten Wälzstoßmaschinen und die ersten Kegelradfräsmaschinen wurden in Deutschland zu Beginn der zwanziger Jahre von Lorenz bzw. Klingelnberg gebaut. Dabei bediente sich Lorenz anfangs amerikanischer und britischer Lizenzen, um auch in Deutschland das Wälzstoßverfahren einzuführen. Heutige Standardanwendungen wie Schabmaschinen oder die gesamten Hartbearbeitungsmaschinen für Verzahnungen entstanden erst erheblich später. Im Taschenbuch des Ingenieurs „HÜTTE" von 1922 wird das gesamte Gebiet der Verzahnmaschinen einschließlich der Kegelrad-Verzahnmaschinen auf etwas mehr als fünf Seiten abgehandelt. Daraus kann man sehen, dass es sich bei Verzahnmaschinen um eine relativ junge Technik handelt, die sich erst durchsetzen konnte, als qualitativ hochwertige Fertigungstechnologien verfügbar waren.

Auch die heute weit fortgeschrittene Normung von Verzahnungen und Getrieben begann vergleichsweise spät. Die Normung von Zahnformen begann erst 1927 mit einer Norm über „Zahnformen der Stirn- und Kegelräder" und 1929 mit der „Festlegung der Begriffe, Bezeichnungen und Kurzzeichen".

Zu dieser Zeit hatte sich die Evolventenverzahnung in der technischen Anwendung gegenüber der Zykloidenverzahnung mit Ausnahme der Uhren völlig durchgesetzt. Die Gründe sind einleuchtend. Zur Herstellung genügt in vielen Fällen eine einfache Form der Werkzeuge. Bei Evolventenverzahnungen rollen zwei konvexe Zahnflanken aufeinander ab, während bei Zykloiden eine konvexe Flanke in einer konkaven Flanke wälzt. Evolventenverzahnungen sind deshalb unempfindlich gegen die Änderung von Achsabständen zwischen Werkzeug und Werkstück, aber auch zwischen Zahnrad und Ritzel. Schließlich lässt sich bei Evolventenverzahnungen die Zahnform durch Profilverschiebung beeinflussen und damit oft die Belastbarkeit den Anforderungen anpassen.

2 Grundlagen der Verzahnungsgeometrie

2.1 Verzahnungsgesetz

Die als Verzahnungsgesetz bezeichneten geometrischen Beziehungen zweier in Eingriff befindlicher Zahnräder lassen sich einfach an **Bild 2-1** erläutern. Auf diesem Bild sind Ausschnitte eines gerade verzahnten Stirnrades und seines Gegenrades dargestellt. Die Flanken je eines Zahnes von Rad 1 und Rad 2 berühren sich momentan im Eingriffspunkt Y. Die Tangente der beiden Flanken im Berührpunkt ist als Gerade TT dargestellt. Wenn man nun eine Senkrechte zu TT im Berührpunkt Y errichtet, so schneidet diese die Verbindungslinie der Mitten der Zahnräder O_1 und O_2 im Wälzpunkt C. Die Linie YC wird auch als Eingriffsnormale bezeichnet.

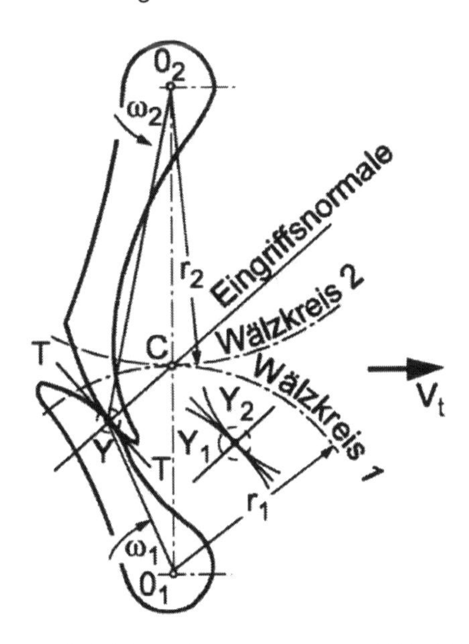

Bild 2-1: Verzahnungsgesetz /DUB-96/

In C berühren sich die mit den Rädern fest verbundenen Wälzbahnen oder Wälzkreise. Beim Kämmen zweier Zahnräder rollen die beiden Wälzkreise ohne Gleiten mit der gemeinsamen tangentialen Geschwindigkeit v_t aufeinander ab.

Es gelten die folgenden geometrischen Beziehungen:

Achsabstand

Der Achsabstand ergibt sich aus der Summe der beiden Radien:

$$O_1O_2 = r_1 + r_2 = a$$

Winkelgeschwindigkeiten von Rad 1 und Rad 2:

Die jeweilige Winkelgeschwindigkeit ergibt sich aus der tangentialen oder Umfangsgeschwindigkeit dividiert durch den jeweiligen Radius:

$$\omega_1 = v_t / r_1 \qquad \omega_2 = v_t / r_2$$

Übersetzungsverhältnis oder das Verhältnis der beiden Winkelgeschwindigkeiten

Das Übersetzungsverhältnis ist das Verhältnis der Winkelgeschwindigkeiten der beiden Räder. Es ist umgekehrt proportional zum Verhältnis der Radien oder Durchmesser:

$$i = \omega_2 / \omega_1 = r_1 / r_2$$

Die obigen Zusammenhänge gelten auch, wenn man die Zähne der Räder völlig außer Betracht lässt. Im Falle einer dreidimensionalen Betrachtungsweise werden die Wälzbahnen zu Wälzzylindern und der Wälzpunkt C zu einer Wälzachse CC. Auch so gelten obige Zusammenhänge unverändert.

2.2 Verzahnungsarten

Unter Verzahnungsarten werden unterschiedliche Profilform- und Flankenrichtungsgeometrien verstanden. Die wichtigsten Geometrien werden nachfolgend dargestellt.

2.2.1 Wildhaber-Novikov-Verzahnung

Die Wildhaber-Novikov-Verzahnung ist eine sehr junge Verzahnung (Mitte 20. Jahrhundert) und wird hier nur der Vollständigkeit halber behandelt. Bei dieser Verzahnung greifen konvexe, halbkreisförmige Zähne in gleichartig ausgebildete konkave Lücken ein. Der theoretische Radius von Zahn und Zahnlücke ist gleich, in der Praxis wird der Zahnlückenradius etwas größer ausgeführt. Mit der Wildhaber-Novikov-Verzahnung kann keine Profilüberdeckung realisiert werden, für eine gleichmäßige Bewegungsübertragung ist eine Schrägverzahnung mit einer Sprungüberdeckung >1 erforderlich.

Die Vorteile der Wildhaber-Novikov-Verzahnung liegen in der konstruktionsbedingt guten Schmiegung von Zahn und Zahnlücke, in der guten Tragfähigkeit, im gleichmäßigen Verschleiß und im günstigen Geräusch- und Schwingungsverhalten. Diese positiven Eigenschaften treten aber nur bei sehr genauer Fertigung in Erscheinung. Die Wildhaber-Novikov-Verzahnung ist sehr kritisch im Falle von geometrischen Abweichungen wie Teilungs- und Zahnrichtungsfehlern sowie bei Achsabstands- und Achsneigungsabweichungen.

2.2.2 Zykloidenverzahnung

Die Zykloidenform entsteht im Zusammenhang mit dem Abrollen eines Kreises (Rollkreis) auf einer Geraden oder auf anderen Kreisen. Dabei betrachtet man die Bahn eines festen Punktes des Rollkreises während der Abrollbewegung. Abhängig von der Basis, auf der der Rollkreis abrollt, unterscheidet man verschiedene Arten von Zykloiden:

- Epizykloide: Rollkreis rollt außen auf größerem feststehenden Grundkreis
- Orthozykloide: Rollkreis rollt auf Gerade
- Hypozykloide: Rollkreis rollt innen in größerem feststehenden Grundkreis
- Perizykloide: Größerer Rollkreis umschließt kleineren Grundkreis und rollt außen auf diesem ab

Ein Grundgesetz der Zykloiden ist, dass sie immer wieder zu ihrer Basis zurückkehren, dass es sich also um „zyklische" Kurven handelt.

Bei der Zykloidenverzahnung setzt sich das Zahnprofil aus Hypo- und Epizykloiden zusammen. Dies bedeutet, dass beim Abwälzen zweier Räder eine gute Schmiegung zwischen Zahn und Zahnlücke entsteht. Andererseits entsteht beim Übergang vom Zahnfuß zum Zahnkopf ein Wendepunkt im Flankenprofil. Durch Achsabstandsänderungen wird daher das Laufverhalten der Zykloidenverzahnung gestört, was zu einer eingeschränkten Anwendung dieser Verzahnung führt. Aus diesem Grund muss auch der Wälzkreis des erzeugenden Werkzeugs mit dem Wälzkreis des Gegenrades der hergestellten Verzahnung übereinstimmen.

Die Triebstockverzahnung ist ein Sonderfall der Zykloidenverzahnung, bei der der betrachtete Punkt auf dem Rollkreis zu einem Kreis erweitert ist.

2.2.3 Evolventenverzahnung

Die Evolventenverzahnung kommt in der Getriebetechnik am häufigsten zum Einsatz. Die Entstehung einer Evolvente kann man sich so vorstellen, dass – wie in **Bild 2-2** gezeigt – ein straff gespannter Faden von einer festen Kreisscheibe abgewickelt wird. Das vordere Ende des Fadens beschreibt dann eine Evolvente. Die Kreisscheibe ist der Grundkreis mit dem Radius d_b. Mit der Festlegung des Grundkreises ist eine Evolvente vollständig bestimmt, nicht jedoch der Bereich der Evolvente, der für die Verzahnung verwendet wird. Zu jedem Grundkreis gibt es zwei Evolventen, eine linke und eine rechte, je nachdem, in welche Richtung der Faden abgewickelt wird.

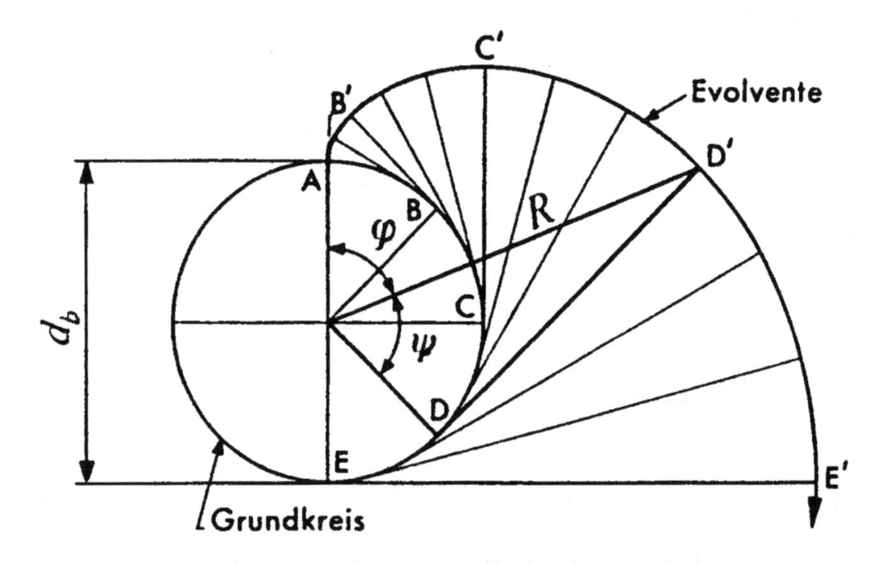

Bild 2-2: Erzeugung der Evolvente /MAA-85/

In Anlehnung an das zur Beschreibung der Evolvente benützte Bild eines sich abwickelnden gespannten Fadens lässt sich eine Analogie zwischen

Evolventenverzahnung und Seiltrieb wie in **Bild 2-3** aufzeigen. Die Übertragung der Bewegung durch Evolventenflanken entspricht derjenigen eines Seiltriebs, bei dem ein über die Grundkreisscheiben geschlungenes Seil von einer Scheibe ab- und auf die andere aufgewickelt wird.

Die Bogenlängen von Seiltrieb und Evolventenverzahnung stimmen überein, das heißt:

- Bogenlänge A_1B_1 = Bogenlänge A_2B_2
- Bogenlänge B_1C_1 = Bogenlänge B_2C_2

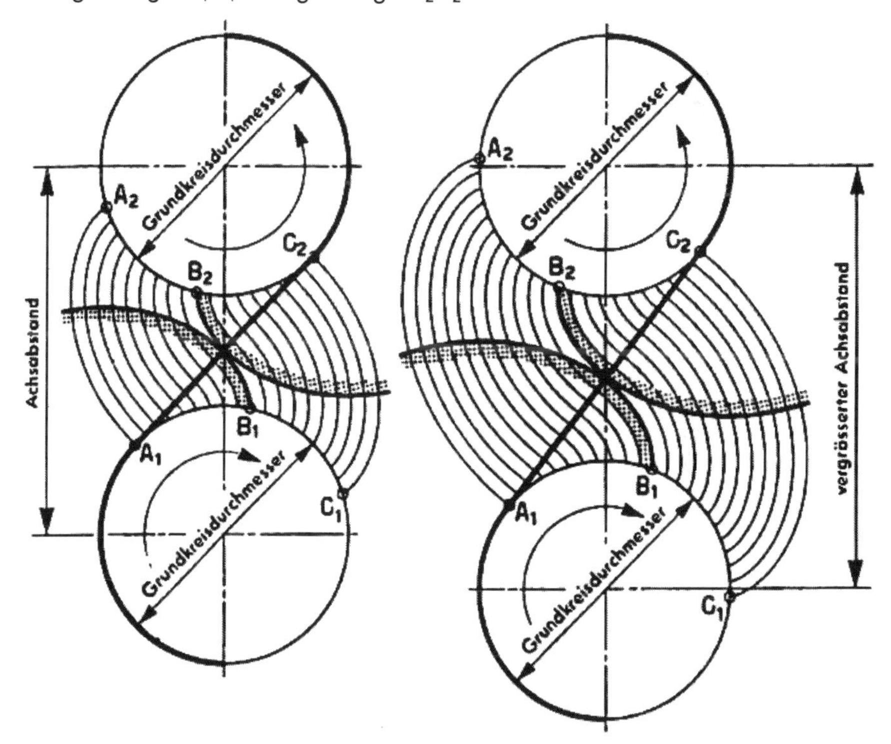

Bild 2-3: Vergleich zwischen Evolventenverzahnung und Seiltrieb /MAA-85/

Das gespannte Seil zwischen den Grundkreisscheiben entspricht der Eingriffslinie A_1C_2. Der Weg, den ein Punkt des Seiles zurücklegt, entspricht dem Weg, den der Berührpunkt der Flanken auf der Eingriffslinie zurücklegt. Damit sich die Zähne einer Evolventenverzahnung stoßfrei im Eingriff ablösen, müssen die Grundkreisbogenlängen zwischen aufeinander folgenden gleichgerichteten Flanken am Rad und ebenso auch am Gegenrad gleich groß sein, das heißt, die Grundkreisteilungen miteinander kämmender Räder müssen übereinstimmen.

Es lassen sich noch weitere Analogien zwischen Evolventenverzahnung und Seiltrieb finden. Beide Systeme sind nicht an einen festen Achsabstand gebunden, sondern arbeiten ebenso bei vergrößertem oder verkleinertem Achsabstand. Die Möglichkeit der Achsabstandsänderung ist ein großer Vorteil der Evolventenverzahnung. Als weitere Analogie ist das Übersetzungsverhältnis von Seiltrieb und von Evolventenverzahnung in gleicher Weise durch das Verhältnis der Grundkreisdurchmesser festgelegt.

Aufgrund ihrer geometrischen Eigenschaften ist die Evolvente durch Abwälzverfahren herstellbar. Im Prinzip wird dabei ein Gegenzahnrad als Werkzeug mit Schneiden ausgeführt und erzeugt die Verzahnung des Werkrades mit Hüllschnitten während des gemeinsamen Wälzvorganges. Als Sonderfall kann die Zähnezahl des Werkzeuges den Wert ∞ annehmen, das heißt aus dem Gegenzahnrad (dem Werkzeug) wird eine Zahnstange mit geraden Flanken. Das Zahnstangenprofil, das zu einer bestimmten Evolvente gehört, wird Bezugsprofil genannt. Bezugsprofile sind genormt. Auf der Profilbezugslinie von Bezugsprofilen ist die Zahndicke immer gleich der Zahnweite, damit ist für die Herstellung von Rad und Ritzel das gleiche Werkzeug verwendbar.

2.3 Begriffe an Zahn und Zahnrad

Die Begriffe an Zahn und Zahnrädern sind in einer Vielzahl von Normen und Richtlinien festgelegt. Nachfolgend werden die wichtigsten davon genannt:

DIN 867	Bezugsprofile für Evolventenverzahnungen an Stirnrädern
DIN 868	Allgemeine Begriffe und Bestimmungsgrößen für Zahnräder, Zahnradpaare und Zahnradgetriebe
DIN 3960	Begriffe und Bestimmungsgrößen für Stirnräder und Stirnradpaare mit Evolventenverzahnung
DIN 3998-1	Benennungen an Zahnrädern und Zahnradpaarungen; Allgemeine Begriffe
DIN 3998-2	Benennungen an Zahnrädern und Zahnradpaarungen; Stirnräder und Stirnradpaare

DIN 3998-3	Benennungen an Zahnrädern und Zahnradpaarungen; Kegelräder und Kegelradpaare, Hypoidräder und Hypoidradpaare
DIN 3998-4	Benennungen an Zahnrädern und Zahnradpaarungen; Schneckenradsätze
DIN 3998-Bbl 1	Benennungen an Zahnrädern und Zahnradpaarungen; Stichwortverzeichnis
VDI/VDE 2608	Einflanken- und Zweiflanken-Wälzprüfung von gerade und schräg verzahnten Stirnrädern mit Evolventenprofil
VDI/VDE 2612 Bl. 1	Prüfung von Stirnrädern mit Evolventenprofil; Profilprüfung
VDI/VDE 2612 Bl. 2	Prüfung von Stirnrädern mit Evolventenprofil; Flankenlinienprüfung
VDI/VDE 2613	Teilungsprüfung an Verzahnungen
VDI/VDE 2614	Rundlaufprüfung an Verzahnungen
VDI 3333	Wälzfräsen von Stirnrädern mit Evolventenprofil
VDI 3336	Verzahnen von Stirnrädern mit Evolventenprofil

Nachfolgend werden die für das Verständnis der weiteren Kapitel notwendigen Begriffe überblickartig zusammengefasst.

Zahn

Unter einem Zahn versteht man ein aus einem Radkörper hervorstehendes Teil, dessen Form die Übertragung von Kräften und Bewegungen ermöglicht.

Zahnrad

Ein Zahnrad ist ein um eine Achse drehbares Maschinenelement, das aus einem Radkörper und aus dem Radkörper hervorstehenden Zähnen besteht.

Bezugsfläche, Teilfläche

Die Bezugsfläche einer Verzahnung ist eine gedachte Fläche, auf die die geometrischen Bestimmungsgrößen der Verzahnung bezogen werden. Bei Wälzgetrieben werden Bezugsflächen als Teilflächen bezeichnet.

Teilung p

Die Teilung p ist der Bogen auf der Bezugs- bzw. Teilfläche zwischen zwei benachbarten gleichnamigen Flanken (Rechts- oder Linksflanken). Am Teilkreis gilt:

Teilkreisumfang U = $\pi \cdot$ Teilkreisdurchmesser d [mm]

und

Teilung p = Teilkreisumfang U / Zähnezahl z = $\pi \cdot$ Teilkreisdurchmesser d / Zähnezahl z [mm]

Modul m

Der Modul m ist die Basisgröße für Längenmaße an Verzahnungen. Er wird in mm angegeben und wurde früher auch als Durchmesserteilung bezeichnet. Rechnerisch hängt der Modul mit der Teilung wie folgt zusammen:

Teilung p = $\pi \cdot$ Modul m [mm]

Zusammen mit obiger Formel über den Zusammenhang zwischen Teilung, Teilkreisdurchmesser und Zähnezahl ergibt sich:

Modul m = Teilkreisdurchmesser d / Zähnezahl z [mm]

Im angloamerikanischen Sprachraum wird statt des Moduls auch „Diametral Pitch" (abgekürzt DP) verwendet. Er gibt die Teilungen pro Zoll Teilkreisdurchmesser an und wird nach folgender Beziehung aus dem Modul oder der Teilung errechnet:

DP = 25,4 / Modul m = 25,4 $\cdot \pi$ / Teilung p [1/Zoll]

Zähnezahl z

Die Zahl der Zähne eines Zahnrades wird bei Außenverzahnungen positiv, bei Innenverzahnungen negativ angegeben.

Zahnbreite b

Die Breite eines Zahnrades ist der auf der Bezugsfläche gemessene Abstand beider Stirnflächen.

Zahnflanke

Die Zahnflanke setzt sich zusammen aus der Kopfflanke und der Fußflanke. Als Kopfflanke bezeichnet man den Flankenteil zwischen Bezugsfläche und Kopfmantelfläche, die Fußflanke ist der Flankenteil zwischen Bezugsfläche und Fußmantelfläche. Der Übergang zur Fußmantelfläche ist gerundet, stellt also keine Evolvente mehr dar. Die Kopfkante als Ende der Kopfflanke ist der Schnitt der Zahnflanke mit der Kopffläche.

Als nutzbare Flanke bezeichnet man den Teil der Flanke, der zum Eingriff mit der Gegenflanke benutzt werden kann. Die aktive Flanke ist der Teil der Flanke, der wirklich mit den Gegenflanken in Berührung kommt.

Zahnflankenkorrekturen

Zahnflankenkorrekturen haben in der Verzahnungstechnik einen großen Stellenwert. Man versteht darunter eine gewollte Veränderung des Zahnflankenprofils in Höhenrichtung oder in Breitenrichtung des Zahnes bis hin zur topologischen Zahnflankenkorrektur, wo jedem Punkt der Zahnflanke ein bestimmter Korrekturwert zugeordnet wird.

Unter dem Oberbegriff Zahnflankenkorrekturen gibt es auch mehrere Einzelkorrekturen. So werden gewollte zusätzliche Materialabtragungen des Flankenprofils am Zahnkopf oder Zahnfuß auch Kopfrücknahme oder Fußrücknahme genannt. Treten beide gemeinsam auf, spricht man von Höhenballigkeit. Eine weitere häufige Korrektur des Zahnflankenprofils ist der Fußfreischnitt. Er wird in der Weichbearbeitung angewandt, um Freiraum für die Werkzeuge der Feinbearbeitung zu schaffen. Um diesen Effekt zu erreichen, werden so genannte Protuberanzwerkzeuge eingesetzt. Bei diesen Werkzeugen ist der Zahnkopf verstärkt ausgeführt, so dass am Werkstück ein gewollter Unterschnitt entsteht.

Wenn Einzelkorrekturen in Flankenrichtung auftreten, spricht man von Flankenlinienkorrektur oder Endenrücknahme. Sind Zähne an beiden Enden zurückgenommen, handelt es sich um eine Breitenballigkeit, also um eine Zahndickenverminderung an beiden Zahnenden in Zahnbreitenrichtung. Generell wird bei allen Zahnflankenkorrekturen angestrebt, den Übergang der veränderten in die exakte Form möglichst stetig zu bewerkstelligen.

Zahnräder nach Art der Flankenrichtung

Bei Stirnrädern gibt es sowohl Gerad- wie Schrägverzahnungen. Schrägverzahnungen haben in der Regel bessere Eingriffsverhältnisse und geringere Geräuschentwicklung. Um in Getrieben unerwünschte Axialkräfte zu vermeiden, werden Doppelschrägverzahnungen oder Pfeilverzahnungen eingesetzt.

Zahnradformen nach Lage der Zähne

Auf **Bild 2-4** sind unterschiedliche Zahnradarten gezeigt, die sich in der Anordnung der Zähne am Zahnrad unterscheiden. Bei Stirnrädern unterscheidet man Außen- und Innenverzahnungen. Bei Kegelrädern und Schneckenrädern gibt es keine Innenverzahnungen. Im unteren Teil des Bildes sind Schnecke und Schneckenrad als Teile desselben Getriebes gezeigt.

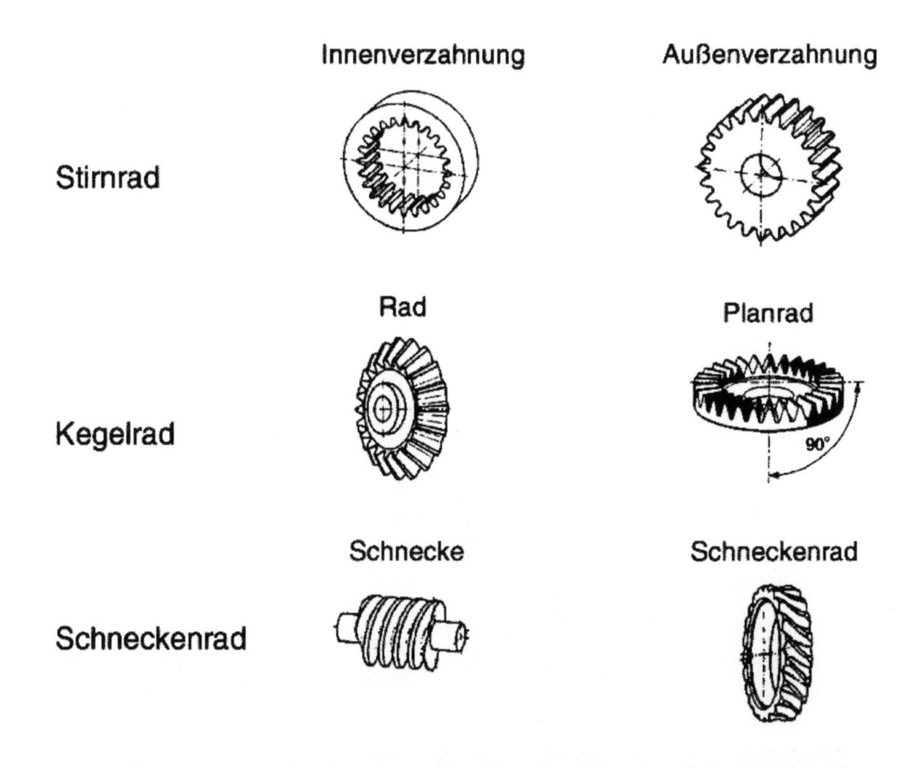

Bild 2-4: Zahnradformen (Unterteilung nach Lage der Zähne) /DIN 868/

Verzahnungen mit gleichem Grund- und Teilkreisdurchmesser

Wie bereits ausgeführt, wird eine Evolvente allein durch die Festlegung des Grundkreises bestimmt. Es ist jedoch nicht festgelegt, welcher Teil oder welche Länge der Evolvente für die Ausbildung der Zähne verwendet wird. Dies soll am Beispiel von **Bild 2-5** gezeigt werden. Auf dieser Darstellung sind drei Verzahnungen gezeigt, die den gleichen Grundkreis – also die gleiche Evolvente – und den gleichen Teilkreis haben. Identische Teilkreise zu haben bedeutet, dass die Profilbezugslinien der unterschiedlichen Bezugsprofile den gleichen Abstand vom Zahnradmittelpunkt haben. Wegen der unterschiedlichen Moduln der Bezugsprofile formen diese unterschiedliche Zähne aus, so dass sich Zahnräder ergeben, die zwar gleiche Grund- und Teilkreisdurchmesser, aber unterschiedliche Moduln, unterschiedliche Teilungen und unterschiedliche Zähnezahlen haben.

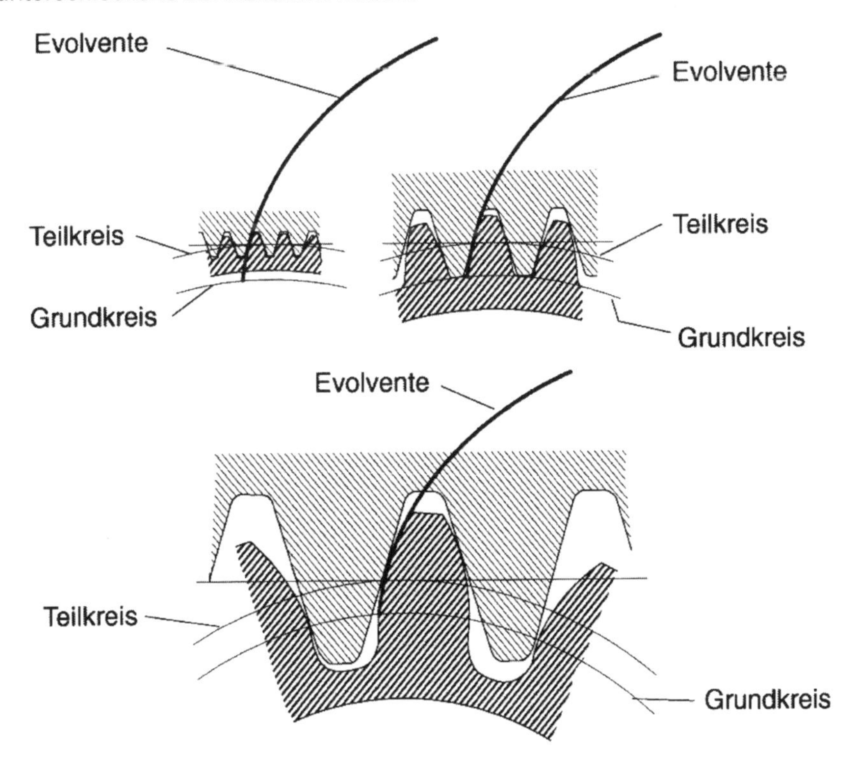

Bild 2-5: Verzahnung mit gleichem Teil- und Grundkreisdurchmesser /MAA-63/

2.3.1 Schrägverzahnung

Für weitere Überlegungen und Berechnungen an Zahnrädern und Zahnradpaarungen ist es wichtig, die Schrägverzahnung mit einzubeziehen. Zur Beschreibung dient der Schrägungswinkel β. Abhängig von der Betrachtungsrichtung unterscheidet man zwischen Stirnansicht oder -schnitt und Normalansicht oder -schnitt.

Stirnansicht, Stirnschnitt, Stirnprofil

Die Blickrichtung ist die Achsrichtung des Rades, der Schnitt erfolgt senkrecht dazu. Alle Größen, die sich auf den Stirnschnitt beziehen, werden mit t indiziert. Im Falle der Geradverzahnung, wo Stirn- und Normalschnitt identisch sind, kann die Indizierung entfallen.

Normalansicht, Normalschnitt, Normalprofil

Die Blickrichtung ist die Flankenrichtung der Zähne, der Schnitt erfolgt senkrecht dazu. Alle Größen, die sich auf den Normalschnitt beziehen, werden mit n indiziert.

Die Beziehungen zwischen den beiden Ansichten hängen über den Winkel β miteinander zusammen. In der Regel reicht es aus, Formeln für die Schrägverzahnung anzugeben. Die Geradverzahnung kann als Sonderfall der Schrägverzahnung mit $\beta = 0$ betrachtet werden.

Auf **Bild 2-6** sind die geometrischen Zusammenhänge der Entstehung einer schrägen Evolventenverzahnung und der Evolventenfläche sowie die Abwicklung von Flankenlinien in die Teilebene gezeigt. Der obere Teil des Bildes stellt dar, dass zusammengehörende Evolventen eines Zahnes in der oberen und unteren Stirnebene des Zahnrades an verschiedenen Mantellinien des gleichen Grundkreiszylinders ansetzen. Punkte beider Evolventen, die sich aus dem gleichen Drehwinkel des Grundzylinders ergeben, lassen sich durch Geraden, die so genannten Erzeugenden, verbinden. Die Summe aller Erzeugenden bildet die Evolventenfläche des Schrägstirnrades. Die Evolventenfläche hat eine ähnliche Definition wie die Evolvente. Die erzeugende Gerade rollt jedoch nicht mehr auf dem Grundkreis, sondern – als Erzeugende – auf dem Grundzylinder ab. Der spitze Winkel zwischen der erzeugenden Geraden und der Parallelen zur Zylinderachse in der abrollenden Ebene ist der Grundschrägungswinkel β_b. Die Schnittlinie zwischen Evolventenfläche und Grundzylinderfläche ist eine Schraubenlinie mit dem Grundsteigungswinkel γ_b, wobei $\gamma_b = 90° - \beta_b$ ist.

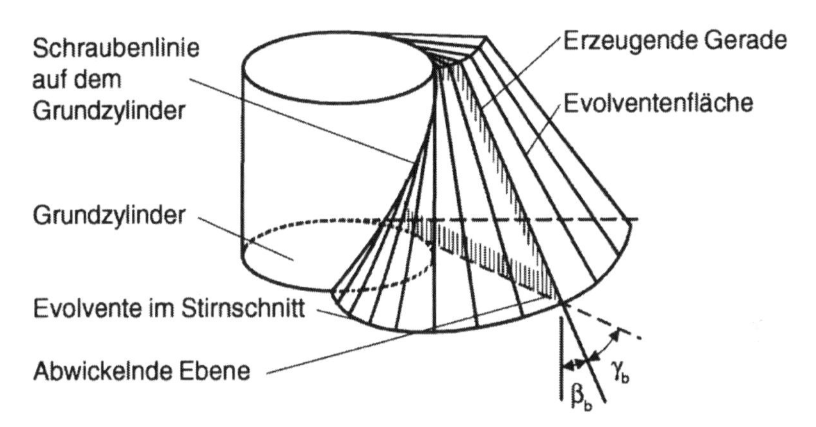

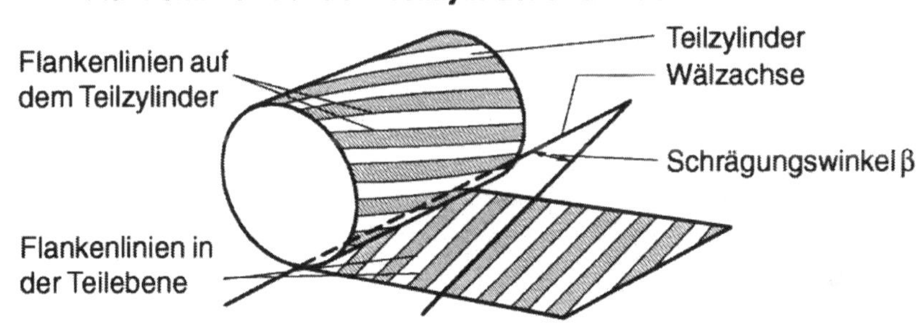

Bild 2-6: Erzeugung der Schrägverzahnung /MAA-85/

Der untere Teil des **Bildes 2-6** zeigt die Abwicklung von Flankenlinien in die Teilebene. Man erkennt, dass die Bezeichnung „Schrägverzahnung" am Zahnrad nicht völlig korrekt ist. Die Flankenlinien eines schräg verzahnten Rades sind Schnittlinien von Zahnflanken mit der Teilzylinderfläche. Auf dem Teilzylinder ergeben sich dadurch Schraubenlinien. Erst die Abwicklung der Schraubenlinien in die Teilebene macht daraus Geraden mit dem Schrägungswinkel β.

Axialteilung

Bei Schrägverzahnungen kann man eine Teilung nicht nur am Teilkreis oder auf der Eingriffslinie, sondern auch in axialer Richtung definieren. Je nach

Schrägungswinkel oder Zahnradbreite kommt es vor, dass auf derselben Mantellinie des Teilzylinders mehr oder weniger Zähne liegen. Den Abstand zwischen zwei benachbarten Rechts- oder Linksflanken nennt man Axialteilung. Die Axialteilung wird mit x indiziert.

2.4 Begriffe an Radpaarungen

Die Zahnradpaarung wird als Zusammenwirken zweier Zahnräder verstanden. Man unterscheidet zwischen parallelen Achsen, sich schneidenden Achsen – also Achsen mit einem gemeinsamen Schnittpunkt – und sich kreuzenden Achsen – also Achsen, die im Raum keinen gemeinsamen Schnittpunkt haben.

Typische Vertreter sind:

- Paarung mit parallelen Achsen:
  Stirnradpaar (Außenradpaar, Innenradpaar)
- Paarung mit sich schneidenden Achsen:
  Kegelradpaar
- Paarung mit sich kreuzenden Achsen:
  Hypoidradpaar, Schraubradpaar, Schneckenradsatz

2.4.1 Radpaarungen mit parallelen Achsen

Anhand von **Bild 2-7** werden nachfolgend die wichtigsten Begriffe an Zahnrädern und Zahnradpaarungen wiederholt oder ergänzt.

Kreisdefinitionen am Zahnrad

Der Grundkreis definiert eine Evolvente eindeutig. Kopfkreis und Fußkreis sind geometrische Bestimmungsgrößen eines Zahnrads und der Zähne. Die Wälzkreise wälzen schlupffrei aufeinander ab. Die Teilkreise dienen in erster Linie zur Berechnung von Teilung, Modul und Zähnezahlen.

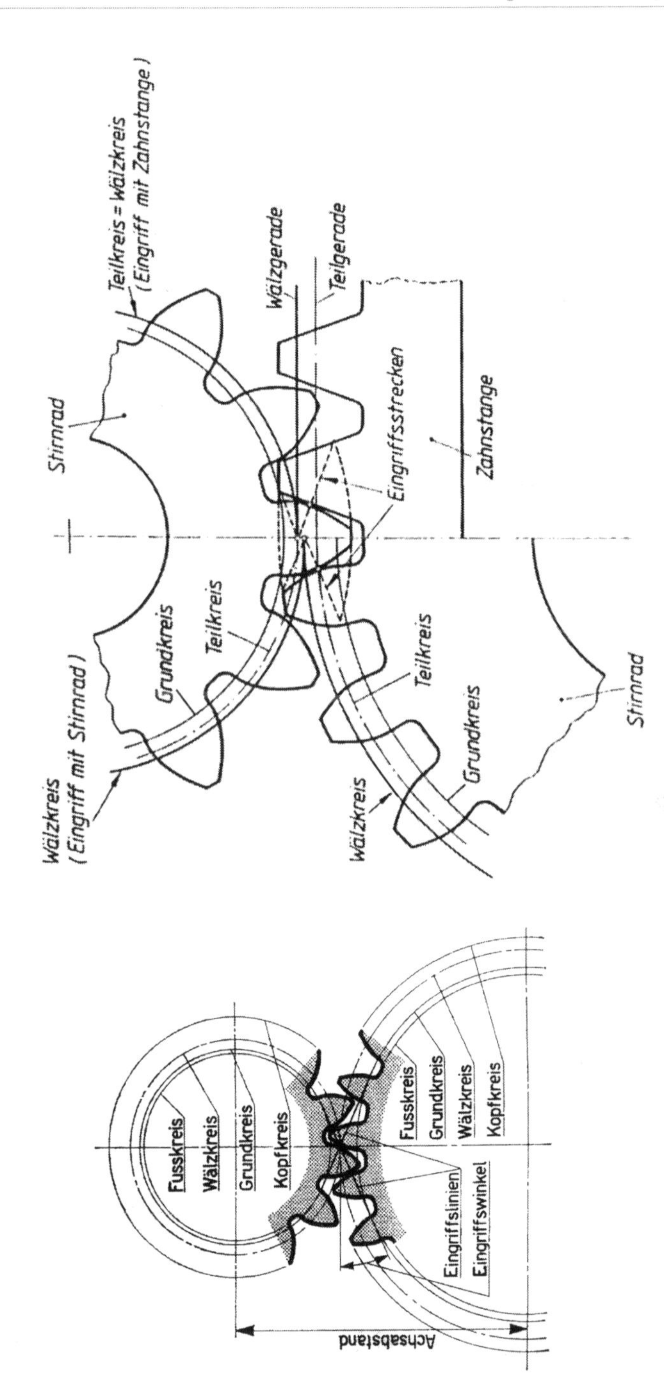

Bild 2-7: Grundlagen der Evolventenverzahnung /MAA-63//DIN 868/

Eingriffsdefinitionen an Zahnradpaarungen

Unter Eingriff versteht man das Zusammenwirken von Rad und Gegenrad. Der Eingriffspunkt ist dabei der Berührpunkt zwischen Flanke und Gegenflanke. Dieser Eingriffspunkt wandert während der Drehung der Räder auf dem Profil. Die Eingriffslinie ist die Summe aller Eingriffspunkte oder auch die Schnittlinie der Eingriffsfläche mit einer Ebene senkrecht zur Wälzachse. Die Eingriffsfläche ist der geometrische Ort für alle Eingriffspunkte sowohl in Zahnrichtung als auch in Richtung der Eingriffslinie. Jedes Radpaar hat zwei Eingriffsflächen, je eine für die rechten und die linken Flanken. Die Eingriffsstrecke ist der Teil der Eingriffslinie, der den Bereich der aktiven Zahnflanken definiert. Der Eingriffswinkel α ist der Neigungswinkel der Eingriffslinie zur Wälzebene. Da bei den Eigenschaften der Evolventenverzahnung das Werkzeug bei der Herstellung nicht unbedingt geometrisch gleich wie das spätere Gegenrad ausgebildet sein muss, sich aber zum Beispiel bei zahnstangenartigem Werkzeug ein anderer Eingriffswinkel wie bei der späteren Radpaarung einstellt, wird auch zwischen Erzeugungs- und Betriebseingriffswinkel unterschieden.

Bedeutung der Eingriffslinie

Die Form der Eingriffslinie ist ein eindeutiges Kennzeichen für das Verzahnungssystem. Verläuft die Eingriffslinie als Gerade durch den Wälzpunkt, handelt es sich um eine Evolventenverzahnung. Ist die Eingriffslinie S-förmig und eine aus zwei Kreisbögen zusammengesetzte Kurve durch den Wälzpunkt, dann handelt es sich um eine Zykloidenverzahnung.

Evolventenverzahnung

Im rechten Teil des **Bildes 2-7** ist ein Gegenrad einmal mit einem Stirnrad und rechts daneben mit einer Zahnstange gepaart.

Bei Evolventenverzahnungen, wie sie in DIN 3960 genormt sind, sind die Stirnprofile Teile von Evolventen, die durch Abrollen einer Geraden auf einem Kreis, dem Grundkreis, gedacht werden können. Die beiden Geraden, die beide Grundkreise einer Radpaarung berühren, sind Eingriffslinien für Rechts- und Linksflanken, sie schneiden sich im Wälzpunkt. Flankenprofile der entsprechenden Zahnstangen sind Geraden senkrecht auf den Eingriffslinien. Weil zwei Grundkreise stets zwei berührende Geraden haben und die Form der Stirnprofile nur von der Größe der Grundkreise, nicht aber von deren Lageänderungen beeinflusst wird, sind Evolventenverzahnungen unempfindlich gegen Achsabstandsänderungen eines Radpaares.

Eingriffsstrecke, Eingriffsteilung und Überdeckung

Die Eingriffsstrecke ist ein Teil der Eingriffslinie. Sie beginnt dort, wo sich die Eingriffslinie mit dem Kopfnutzkreis des getriebenen Rades schneidet und endet am Schnittpunkt der Eingriffslinie mit dem Kopfnutzkreis des treibenden Rades. Die Länge der Eingriffsstrecke wird mit g_α bezeichnet.

Die Eingriffsteilung p_{et} wird im Gegensatz zur Kreisteilung p nicht am Wälzkreis, sondern auf der Eingriffsstrecke ermittelt. Sie bezeichnet den Abstand zweier gleichgerichteter Flanken benachbarter Zähne auf der Eingriffslinie, wobei bei Schrägverzahnungen dieser Zusammenhang für den Stirnschnitt gilt.

Wichtig für einwandfreie Laufeigenschaften von Zahnradpaarungen ist die Vermeidung von Eingriffsstörungen. Solche Störungen können dann auftreten, wenn Kopfflanken einschließlich Kopfzylinder am Gegenradfuß mit nicht evolventischen Flankenteilen in Eingriff geraten. Um Eingriffsstörungen nach Möglichkeit zu vermeiden, ist es sinnvoll, Räder mit Überdeckung zu paaren. Man unterscheidet zwei Arten der Überdeckung, die Profil- und die Sprungüberdeckung.

Die **Profilüberdeckung** ist definiert als das Verhältnis zwischen der Eingriffsstrecke und der Eingriffsteilung:

Profilüberdeckung ε_α = Eingriffsstrecke g_α / Eingriffsteilung p_{et}.

Die **Sprungüberdeckung** an Schrägverzahnungen ist entsprechend definiert als das Verhältnis zwischen der Zahnbreite und der Axialteilung:

Sprungüberdeckung ε_β = Zahnbreite b / Axialteilung p_x

Die **Gesamtüberdeckung** ist die Summe der Einzelüberdeckungen:

Gesamtüberdeckung ε_γ = Profilüberdeckung ε_α + Sprungüberdeckung ε_β

Unterschnitt und Profilverschiebung

Unter besonderen ungünstigen Eingriffsbedingungen kann es geschehen, dass der Endpunkt der geraden Flanke des Erzeugungs-Bezugsprofils (Zahnstange) eine trochoidale Fußrundung schneidet, die einen Teil der Evolvente abschneidet. Dies bedeutet oftmals eine unzulässige Schwächung des Zahnfußes. Ob Unterschnitt auftritt, ist vom Eingriffswinkel und von der Zähnezahl abhängig. Bei der Evolventenverzahnung lässt sich Unterschnitt weitgehend vermeiden, weil eine Achsabstandsänderung an den sonstigen

Wälzeigenschaften der Radpaarung nichts verändert. Zur Vermeidung von Unterschnitt greift man deshalb zum Mittel der Profilverschiebung.

Die Auswirkung der Profilverschiebung soll anhand des **Bildes 2-8** erläutert werden. Auf dieser Darstellung wird die Auswirkung von Profilverschiebungen abhängig vom Grad der Verschiebung und von der Zähnezahl angegeben. Dabei wird der Profilverschiebungsfaktor x als Teil des Moduls m angegeben. Eine Verschiebung des Evolventenprofils vom Radzentrum weg wird positiv angegeben. Dies gilt generell auch bei Innenverzahnungen. Die Darstellung im Bild gilt für einen konstanten Eingriffswinkel.

Der Einfluss der Profilverschiebung auf die Zahnform ist deutlich im Bereich kleinerer Zähnezahlen zu erkennen. Während kleine Zähnezahlen und negative Profilverschiebung eher zu Unterschnitt führen, bringen zu große positive Profilverschiebungen die Gefahr von spitzen Zähnen mit sich. Dazwischen spannt sich ein Bereich normaler Zahnformen auf, bei denen durch eine vernünftige Profilverschiebung der Zahnfußbereich verstärkt werden kann.

Profilverschiebung bei Radpaaren

Abhängig von der Kombination von Profilverschiebungen an miteinander kämmenden Zahnrädern unterscheidet man die Verzahnungsarten „Nullverzahnung", „V-Null-Verzahnung" und „V-Verzahnung". Diese drei Prinzipien sind auf **Bild 2-9** gegenübergestellt. Alle geometrischen Größen sind nach Zugehörigkeit zu einem der beiden Räder indiziert. Zusätzlich sind bezeichnet:

- Teilkreis ohne Index
- Grundkreis mit Index b
- Wälzkreis mit Index w

Allgemein gilt für alle drei Darstellungen, dass die Wälzkreise definitionsgemäß aufeinander abrollen. Die Eingriffslinie ist immer eine Tangente an beide Grundkreise. In diesem Beispiel hat der Eingriffswinkel des Bezugsprofils in allen drei Fällen $\alpha = 20°$. Nachfolgend werden jeweils für die Zähnezahlen $z_1 = 12$ und $z_2 = 25$ die Veränderung der Eingriffsverhältnisse abhängig von der Art der Profilverschiebungskombination angegeben.

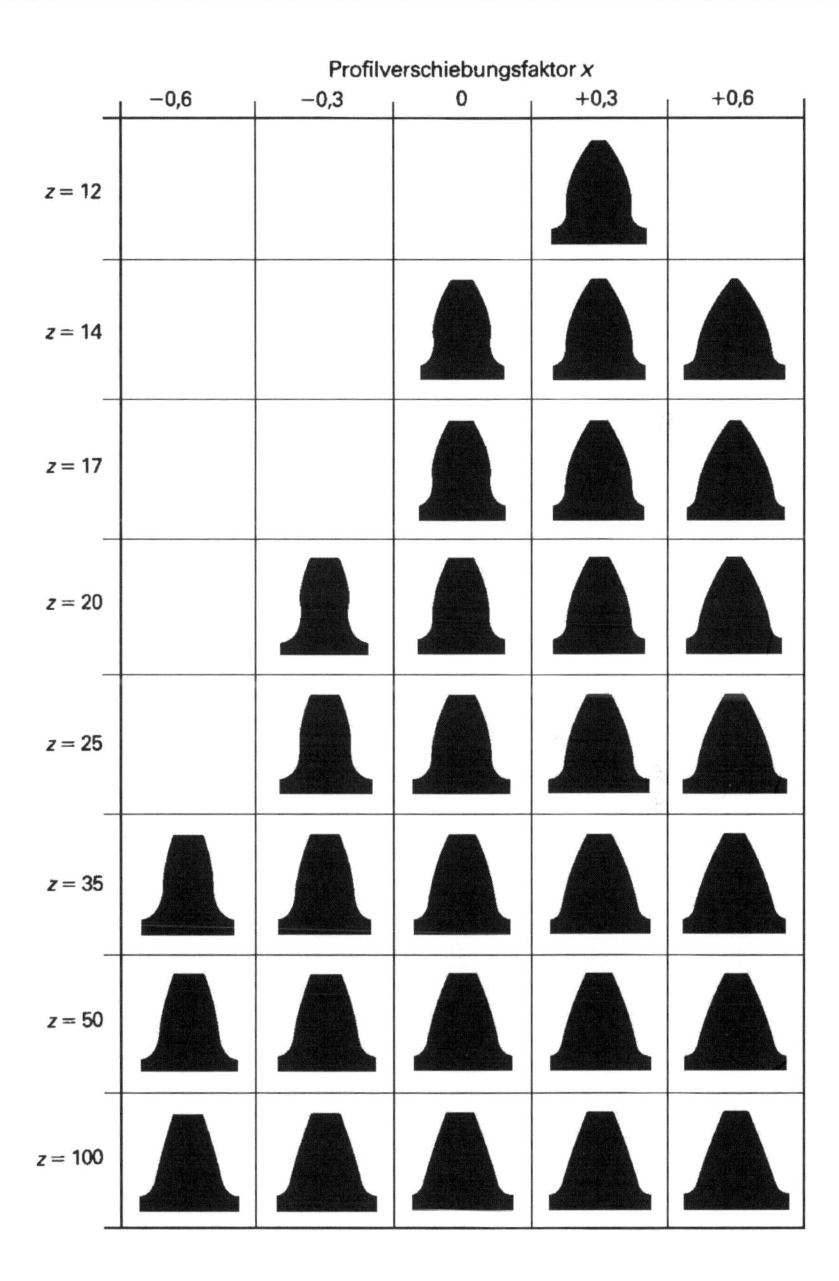

Bild 2-8: Unterschnitt und Profilverschiebung /MAA-85/

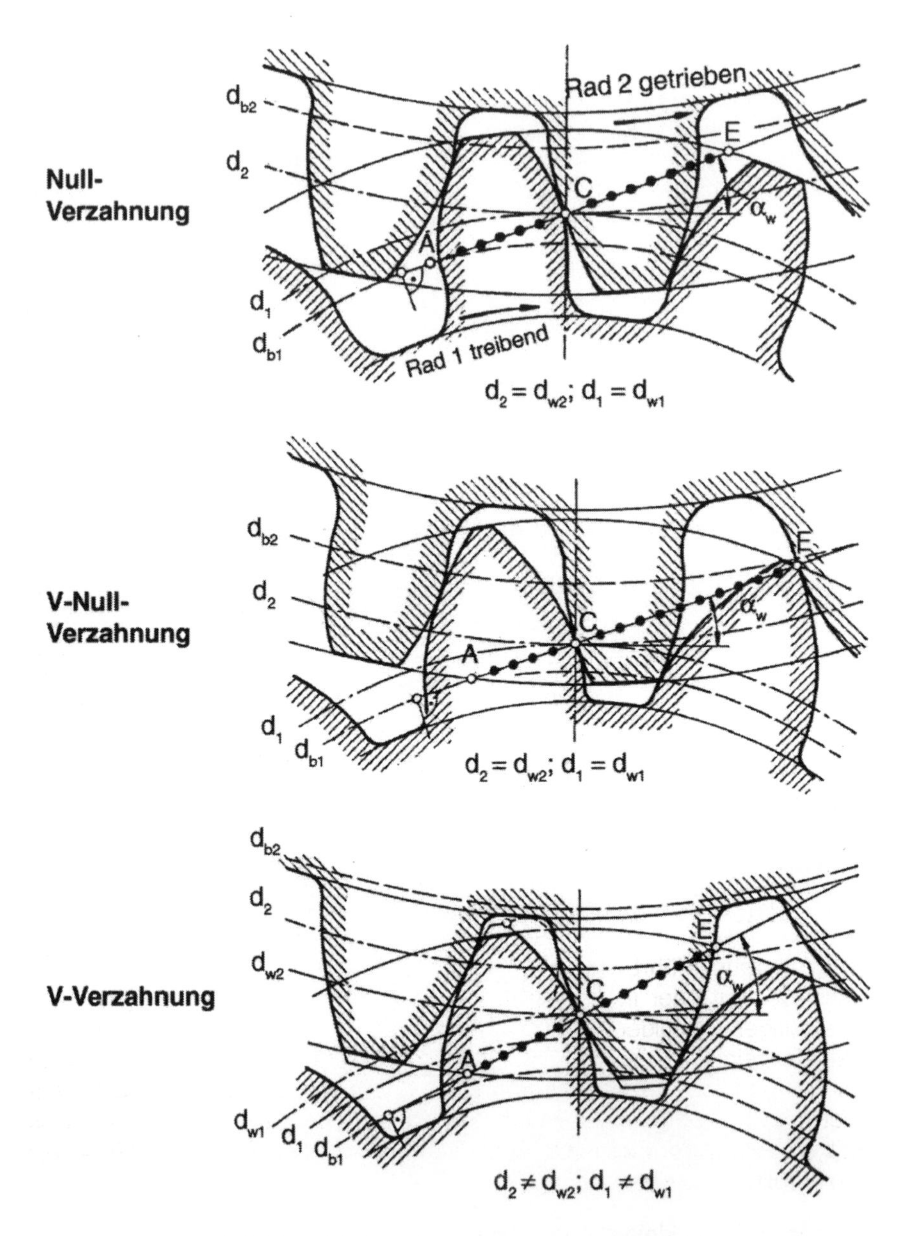

Bild 2-9: Evolventenverzahnarten /NIE-61/

Null-Verzahnung

Bei dieser Paarung sind beide Radprofile nicht profilverschoben, die Teilkreise sind identisch mit den Wälzkreisen. Der Flankenberührpunkt wandert von A nach E. Die Strecke AE ist die Eingriffsstrecke und ein Teil der Tangente an die Grundkreise beider Räder. Für die Zähnezahlen z_1 = 12 und z_2 = 25 ergibt sich ein Überdeckungsgrad von ε = 1,28.

V-Null-Verzahnung

Bei der V-Null-Verzahnung sind die Profilverschiebungen der beiden Räder gleich groß, aber entgegengerichtet. Der Achsabstand ist unverändert, auch hier sind Teilkreise und Wälzkreise identisch. Für die gleichen Zähnezahlen z_1 = 12 und z_2 = 25 ist der Überdeckungsgrad nun aber auf ε = 1,43 angestiegen, was bereits eine deutliche Verbesserung des Lauf- und Geräuschverhaltens mit sich bringen kann.

V-Verzahnung

Bei der V-Verzahnung addieren sich die jeweiligen Profilverschiebungen der beiden Räder. Damit verändern sich sowohl Achsabstand als auch Eingriffswinkel der Paarung. Die Teilkreise sind nun nicht mehr identisch mit den Wälzkreisen. Es gilt aber noch immer, dass die Wälzkreise aufeinander abrollen. Die Zahnfußgeometrie ist bei beiden Verzahnungen deutlich verbessert. Andererseits verkürzen Kopfkürzungen nun die Eingriffsstrecke und reduzieren die Profilüberdeckung. Für das gewählte Paarungsbeispiel mit den Zähnezahlen z_1 = 12 und z_2 = 25 beträgt der Überdeckungsgrad jetzt nur noch ε = 1,19. Der Betriebseingriffswinkel ist nun größer als der Bezugsprofilwinkel und beträgt α_b = 25,15°.

Doppelseitige Zykloidenverzahnung

Wie bereits ausgeführt, sind Zykloiden Kurven, die von Punkten eines Rollkreises, der auf oder in einem Basiskreis abrollt, beschrieben werden. Bei doppelseitiger Zykloidenverzahnung liegen beide Rollkreise innerhalb der Wälzkreise eines Radpaares. Sie berühren sich im Wälzpunkt und bilden auch die Eingriffslinien für rechte und linke Zahnflanken. Bei Außenradpaaren ist das Profil der Kopfflanke eine Epizykloide, bei der der Rollkreis außen abrollt, das Profil der Fußflanke aber eine Hypozykloide, bei der der Rollkreis innen abrollt.

Die Vorteile der Zykloidenverzahnung liegen in einer geringeren und gleichmäßigeren Abnutzung der Zahnflanken, weil stets eine konvexe Kopfflanke mit einer konkaven Fußflanke zusammenwirkt. Da Achsabstandsänderungen bei Zykloidenverzahnungen kritisch sind, muss der Betriebswälzkreis gleich dem Erzeugungswälzkreis sein. Abweichungen führen ansonsten zu periodischen Übersetzungsfehlern.

Die Zykloidenverzahnung wird praktisch nur bei rohen Zahnflanken oder bei Uhrenzahnrädern angewandt.

Einseitige Zykloidenverzahnung, Triebstockverzahnung

Die Triebstockverzahnung oder Punktverzahnung ist eine einseitige Zykloidenverzahnung, bei der der Rollkreis mit einem Wälzkreis zusammenfällt. Die Kopfflanken des einen Rades sind Epizykloiden, die Fußflanken des Gegenrades schrumpfen zu Punkten. Im praktischen Anwendungsfall werden diese Punkte zu Kreisen erweitert und durch Triebstöcke realisiert; diese können aus zylindrischen Bolzen, Zapfen, Zapfenrollen oder Nadeln bestehen. Die Triebstöcke sitzen auf dem Wälzkreis oder der Wälzgeraden als Triebstockzahnstange. Die Profile der Gegenflanken sind Äquidistanten zu den Epizykloiden. Kämmt ein Rad mit einer Zahnstange, dann gehen die Epizykloiden des Gegenrades und die Äquidistanten in Evolventen über.

2.4.2 Radpaarungen mit sich schneidenden Achsen

Der typische Vertreter von Zahnradpaarungen mit sich schneidenden Achsen ist die Kegelradpaarung. Auch im Falle der Kegelradpaarung kann man sich die Grundprinzipien ohne weiteres an aufeinander abrollenden Kegeln mit gemeinsamer Spitze ohne Zähne vorstellen. Entlang der gemeinsamen Mantellinie erfolgt die Berührung der beiden Kegel ohne Gleiten; d.h. bei gleicher Spitzenentfernung mit dem Schnittpunkt der Drehachse ergeben sich gleiche Umfangsgeschwindigkeiten. Daher werden die Grundkörper auch als Wälzkegel bezeichnet. Üblicherweise wird die Teilung der Räder auf die Wälzkegel bezogen, d.h. die Wälzkegel entsprechen den Teilkegeln. Da sich die Teilkreisradien zur Kegelspitze hin verringern, ergeben sich bei konstanter Zähnezahl entlang der Zahnbreite veränderliche Moduln.

Auch bei der Kegelradverzahnung gibt es ein Bezugsprofil, ähnlich wie es für Stirnräder verwendet wird. Diese Systematik wird am **Bild 2-10** erläutert. Da jeder Punkt auf dem Teilkreis vom Schnittpunkt der Radachse die gleiche Entfernung hat, muss der Teilkreis und damit auch die Eingriffslinie auf einer Kugeloberfläche mit dem Radius R_a liegen. Im Bild sind Kegelradverzahnungen mit zunehmendem Achsenwinkel Σ und gleich bleibendem Teilkegelwinkel δ_{01} dargestellt. Beim Teilkegelwinkel $\delta_{02} = 90°$ wird aus dem Teilkreis ein Großkreis auf der Kugel und das Kegelrad wird zum Planrad. Das Planrad hat für die Kegelradverzahnung die gleiche Bedeutung wie die Zahnstange bei den Stirnrädern. Da jeder Normalschnitt durch die Planverzahnung gerade Flanken hat, wird die Verzahnung am Radius R_a als Bezugsprofil benutzt.

Typische Arten von Kegelrädern sind Geradverzahnungen, Schrägverzahnungen und Bogenverzahnungen, wobei der Bogen aus einem Kreis, einer Epizykloide, einer Evolvente oder einer Spirale bestehen kann.

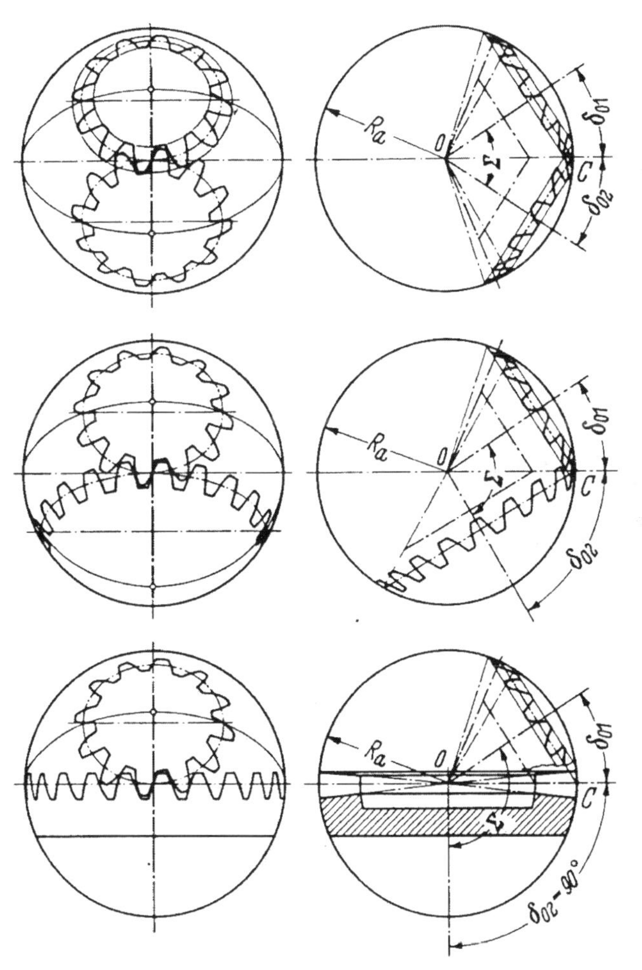

Bild 2-10: Erzeugung von Kegelrädern /Fre-92/

2.4.3 Radpaarungen mit sich kreuzenden Achsen

Es gibt eine Reihe von Radpaarungen mit sich kreuzenden Achsen, also Anordnungen, bei denen die Achsen aufeinander abrollender Zahnräder im Raum keinen gemeinsamen Schnittpunkt haben. Die wichtigsten werden nachfolgend kurz erläutert.

Hypoidradpaar

Beim Hypoidradpaar handelt es sich um ein Kegelradpaar mit Achsversatz. Die Ritzelachse geht im Kreuzungsabstand a an der Radachse vorbei, wodurch an den Zahnflanken eine zusätzliche Gleitbewegung in Richtung der Flankenlinien auftritt. Gegenüber dem normalen Kegelradsatz hat die Hypoidverzahnung den Vorteil des besseren Geräuschverhaltens. Hypoidradsätze werden vorwiegend bogenverzahnt an Hinterachsen von Fahrzeugen eingesetzt, um den Ritzeldurchmesser und damit die Tragfähigkeit bei gleicher Übersetzung zu vergrößern und um die Laufruhe zu verbessern.

Schraubradpaar

Beim Schraubradpaar stehen die Achsen zweier miteinander abwälzender schräg verzahnter Stirnräder in einem Kreuzungswinkel zueinander, der gleich der Summe beider Schrägungswinkel ist. Gegenüber Schneckentrieben oder versetzten Kegelrädern sind Schraubenräder weniger tragfähig, verlustreicher und verschleißen schneller. Schraubradpaare sind nur für die Übertragung kleiner Kräfte geeignet und werden vorwiegend an Kleinaggregaten wie zum Beispiel Tachoantrieben oder auch an Textilmaschinen verwendet.

Schneckengetriebe

Schneckengetriebe werden gerne für die Übertragung hoher Kräfte bei großen Übersetzungen eingesetzt, wobei die Richtungsumkehr zur Selbsthemmung führen kann. Schneckenantriebe sind die geräuschärmsten Zahntriebe überhaupt, es sind aber stets konstruktive und schmiertechnische Maßnahmen erforderlich, um glatte, gleitgünstige und einlauffähige Flankenpaarungen zu erhalten.

Auf **Bild 2-11** sind verschiedene Ausprägungen von Schneckenradpaarungen dargestellt. Man unterscheidet je nach Geometrie der Schnecke oder des Schneckenrades verschiedene Paarungsarten:

- Zylinderschneckengetriebe (Zylinderschnecke - Globoidrad)
- Stirnradschneckengetriebe (Globoidschnecke - Stirnrad)
- Globoidschneckengetriebe (Globoidschnecke - Globoidrad)

Die Paarung mit Zylinderschnecke wird am häufigsten verwendet. Dabei unterscheidet man entsprechend der jeweiligen Zahnform und Herstellung weiter in:

- A- oder N-Schnecke: Die Schneckengänge besitzen im Achsschnitt oder im Normalschnitt Trapezprofil.
- E-Schnecke: Die Schnecke ist ein schräg verzahntes Evolventen-Stirnrad mit extrem hohem Schrägungswinkel bis $\beta = 87°$.
- K-Schnecke Das im Schneckengang angestellte Rotationswerkzeug besitzt Trapezprofil, also einen Doppelkegel
- H-Schnecke Das im Schneckengang angestellte Rotationswerkzeug besitzt ein konvexes Profil, zum Beispiel in Kreisbogenform. Dadurch entstehen hohlballige Schneckenflanken.

Schneckengetriebe werden auf allen Gebieten der Antriebstechnik eingesetzt, wo es auf hohe Belastbarkeit, große Übersetzungen in einer Stufe und schwingungsarmen Lauf ankommt. Drehrichtungsumkehr ist allerdings oft nicht möglich. Häufig wird auch eine Kombination von Schnecken- und Stirnradpaarungen in mehrstufigen Getrieben verwendet, um große Übersetzungen mit gutem Wirkungsgrad übertragen zu können.

Paarungsarten der Schneckengetriebe

Zylinderschneckengetriebe

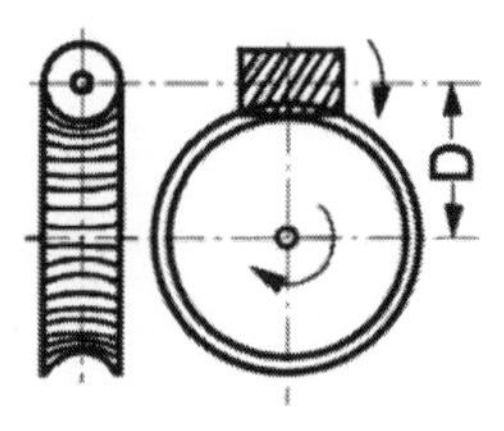

Stirnradschneckengetriebe

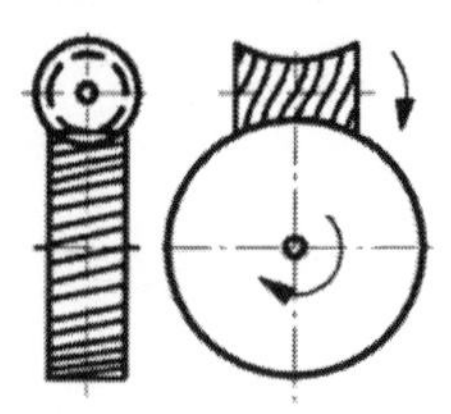

Globoidschneckengetriebe

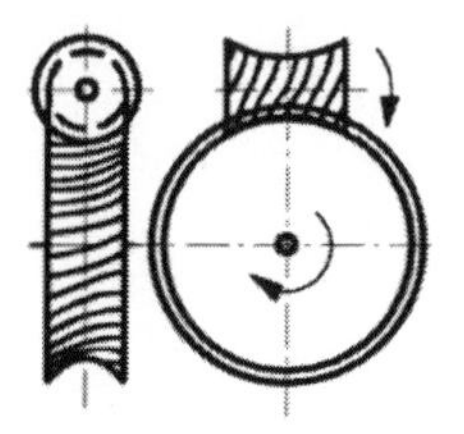

Bild 2-11: Radanordnungen mit sich kreuzenden Achsen /DUB-96/

3 Verfahren zur Weichbearbeitung von Stirnrädern

3.1 Übersicht der Verfahren

Als Übersicht für die Ausführungen der Kapitel 3 und 4 sind im **Bild 3-1** die wesentlichen Verfahren der Weich- und Hartbearbeitung für Stirnräder zusammengestellt. Das Bild gibt keinen Aufschluss darüber, ob die einzelnen Verfahren in der Praxis häufig oder selten angewandt werden oder ob sie nur historische Bedeutung haben.

Im Bereich der Vorverzahnung, die immer eine Weichbearbeitung ist, unterscheidet man zwischen spanlosen und spanabhebenden Verfahren. Daran schließt sich in der Regel entweder eine Weichfeinbearbeitung oder eine Wärmebehandlung an. Die Weichfeinbearbeitung findet vorzugsweise dann statt, wenn nach der Wärmebehandlung keine Hartbearbeitung der Zahnflanken mehr durchgeführt wird. Andere Fertigungsphilosophien gehen davon aus, dass durch die Weichfeinbearbeitung der der Wärmebehandlung folgende Aufwand für die Hartbearbeitung reduziert werden kann. Erfolgt eine Hartbearbeitung der Flanken, dann wird zwischen Verfahren mit geometrisch unbestimmter Schneide und Verfahren mit geometrisch bestimmter Schneide unterschieden.

Auf **Bild 3-2** sind Anforderungen zusammengestellt, wie sie in der Massenproduktion an die Vorverzahnung gestellt werden. Zusätzlich sind typische Verzahnparameter für Getrieberäder in Nutzkraftfahrzeugen sowie in Personenkraftwagen entweder mit Handschalt- oder mit automatischem Getriebe angegeben. An diesen Rädern erfolgt nach der Vorverzahnung eine Wärmebehandlung mit nachfolgender Hartfeinbearbeitung.

Als pauschale Regel gilt, dass eine Vorverzahnung so gut sein muss, dass die nachfolgende Feinbearbeitung qualitativ einwandfrei ablaufen kann. Dies kann in manchen Fällen bedeuten, dass die Weich-Vorbearbeitung nur so gut sein darf, dass das Schabrad bei der Weichfeinbearbeitung noch Ansätze für einen Anschnitt findet. Andererseits sollen die Aufmaße nach der Weichbearbeitung möglichst gering sein, um die Hartbearbeitung effizient zu machen und um bei der Hartbearbeitung zur Erreichung der geforderten geometrischen Genauigkeit nicht so viel Material abtragen zu müssen, dass die gehärtete Schicht wieder ganz oder teilweise entfernt wird.

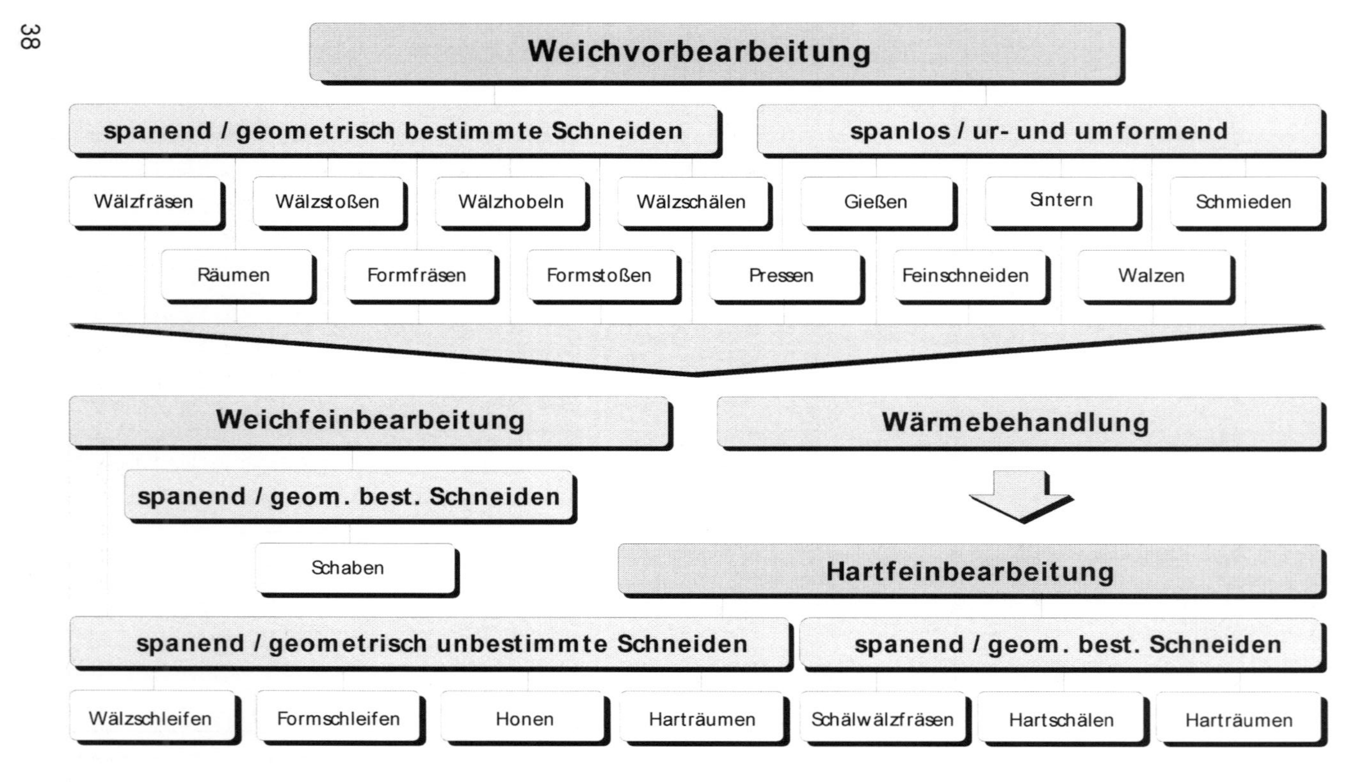

Bild 3-1: Verfahren zur Zylinderradherstellung

Anforderungen an die Vorverzahnungsherstellung aus der Sicht der Anwender bezüglich ...

Geometrie / Qualität

	NKW	PKW	PKW (Autom.)
m [mm]	3-5	1,5-3,5	1-2,5
a	20-30°	15-20°	20°
z	11-60	16-60	17-60
b	< 30°	< 35°	< 20°

Vorverzahnungsqualität:	DIN 8-9
max. Flankenaufmaß:	0,07-0,15 mm
max. Aufmaß der Bohrung:	0,2-0,3 mm
Rundlauffehler F_r:	0,025-0,05 mm
Verzahnqualität nach der Feinbearbeitung:	DIN 6-7
Breitenballigkeit:	ca. 0,005-0,01 mm
Höhenballigkeit:	ca. 0,01-0,015 mm
Kopfkantenbruch	
Anfasen der Stirnkanten	

Technologie

- Integration möglichst vieler Bearbeitungsstufen
- Minimierung des Fertigbearbeitungsaufwands (vorhaltende Korrekturen, Aufmaßoptimierung)
- reproduzierbares Härteverzugsverhalten
- Aufnahmemöglichkeiten für die Radkörperfertigbearbeitung (z.B. Spannen in der Verzahnung)
- hohe Prozeßsicherheit und Änderungsflexibilität

Bild 3-2: Anforderungen an die Vorverzahnung /WZL-93/

3.2 Spanlose Verfahren

Die Herstellung von Verzahnungen ist keine typische Anwendung umformender Herstellverfahren. Es trifft eher zu, dass neben vielen anderen vorteilhaften Anwendungen der Umformtechnik mehr und mehr versucht wird, auch Zahnräder umformend herzustellen. Die umformende Herstellung von Zahnrädern ist immer eine Weichbearbeitung.

Umformend hergestellte Räder haben eine Reihe von Vorteilen. So lassen sich umformend oft Geometrien herstellen, die spanend nicht zu fertigen sind. Ein Beispiel hierfür ist die Optimierung der Zahnfußausrundung. Die Herstellung der Zahnflanken ist mit guten Oberflächenqualitäten ohne Hüllschnitte und Vorschubmarkierungen möglich. Besondere wirtschaftliche Vorteile treten dann auf, wenn es gelingt, eine endkonturnahe Fertigung zu realisieren, das heißt unter Umständen mehrere Fertigungsschritte der spanenden Herstellung in einem Umformprozess zu vereinigen. Umformverfahren haben in der Regel kurze Fertigungszeiten, eine gute Materialausnutzung und eine gute Umweltverträglichkeit.

Nachteilig bei Umformverfahren ist die Tatsache, dass sie nur im Bereich der Massenfertigung wirtschaftlich sein können. Der Grund liegt in den aufwendigen Vorbereitungskosten mit der Herstellung der Form und der Werkzeuge. Diese sind sehr teuer und müssen bereits für das erste Werkstück vorhanden sein. Ein weiterer Nachteil besteht darin, dass bei anspruchvollerer Geometrie wie bei Schrägverzahnungen oder bei höheren Genauigkeitsforderungen an die Verzahnung die Kosten für die Herstellung der notwendigen Umformwerkzeuge sehr stark ansteigen. Qualitätsrelevant ist dabei auch der Rundlauf zwischen Verzahnung und Aufnahmebohrung.

Aufgrund der obigen Nachteile sind umformend hergestellte Verzahnungen nur dort im Einsatz, wo große Stückzahlen auftreten und wo die Ansprüche an die Verzahnqualität nicht übermäßig hoch sind. Sie sind immer dann attraktiv, wenn die Fertigung von Nebenformelementen in den Umformprozess integriert werden kann.

3.2.1 Gießen

Das Gießverfahren wird für die Herstellung von metallischen Zahnrädern kaum angewandt. Mit normalem Sandguss werden nur Zahnradrohlinge, aber keine fertigen Zahnräder hergestellt. Die Ausnahme von dieser Regel bilden extrem große Zahnräder in der Bergbauindustrie, die sich wegen ihrer Größe ungeteilt nur im Gießverfahren herstellen lassen. Es dreht sich dabei um Räder mit bis zu 30 m Durchmesser und 50 t Gewicht /GRA-96/.

Für bestimmte Massenteile und Materialien werden Zahnräder auch im Druckgussverfahren hergestellt. Abhängig vom zu gießenden Werkstoff unterscheidet man dabei Warm- und Kaltkammermaschinen. Typische Werkstoffe sind Kunststoffe sowie Zink-, Zinn- und Bleilegierungen.

3.2.2 Sintern/Pulverschmieden

Die Verfahren Sintern und Pulverschmieden werden auch unter dem Begriff Pulvermetallurgie zusammengefasst. Die Sintertechnik gestattet die Herstellung von Werkstücken unter Umgehung der flüssigen Metallphase. Gesinterte Teile werden nach dem Sintern entweder kalibriert oder pulvergeschmiedet. Unter dem Begriff Sintertechnik sind alle Verfahrensschritte zur Herstellung eines Sinterteils mit Ausnahme der Pulvererzeugung zu verstehen.

Auf **Bild 3-3** ist der prinzipielle Fertigungsablauf des Sinterns zahnradähnlicher Teile einschließlich der dem Sintern folgenden Möglichkeiten von Nachbehandlungen dargestellt. Zuerst wird das Pulver aus den verschiedenen Bestandteilen im gewünschten Mengenverhältnis gemischt. Anschließend wird es in einem Presswerkzeug, das mehrteilig und sehr aufwendig sein kann, in eine geometrische Form gebracht, die der Endform sehr nahe kommt. Außer der Kraft zur Überwindung der Reibung zwischen einzelnen Pulverkörnern und ihrer elastischen und plastischen Verformung muss im Presswerkzeug auch die Kraft zur Überwindung der Reibung des Pulvers an der Matrizenwand aufgebracht werden. Daraus resultiert eine ungleiche Dichte längs der Höhe der verpressten Pulversäule bei einseitiger Verdichtung. Um diese Nachteile zu reduzieren, wird der Pulvermischung ein Gleitmittel beigefügt. Häufig erfolgt auch eine zweiseitige Verdichtung. Noch wirkungsvoller ist der Einsatz einer schwimmenden Matrize, die beim Auswerfen des gepressten Werkstücks aus dem Werkzeug nachschiebt und so dem Dichteverlust entgegenwirkt. Das Gleitmittel, das zur besseren Vermischung des Pulvers beigefügt wird, wird dann ausgebrannt und der Grünling im Sinterofen „gebacken". Nach der Abkühlung kann – je nach Bedarf und Anforderung – ein Kalibriervorgang oder bei höherer Temperatur ein Schmiedevorgang folgen. Im zweiten Fall spricht man dann vom Pulverschmieden. Beide Operationen dienen dazu, eine exakte Endkontur des Werkstücks zu erreichen. Eine weitere Bearbeitungsalternative ergibt sich dadurch, dass dem Sinter- und Abkühlvorgang eine Wärmebehandlung und eine Hartfeinbearbeitung nachgeschaltet sind.

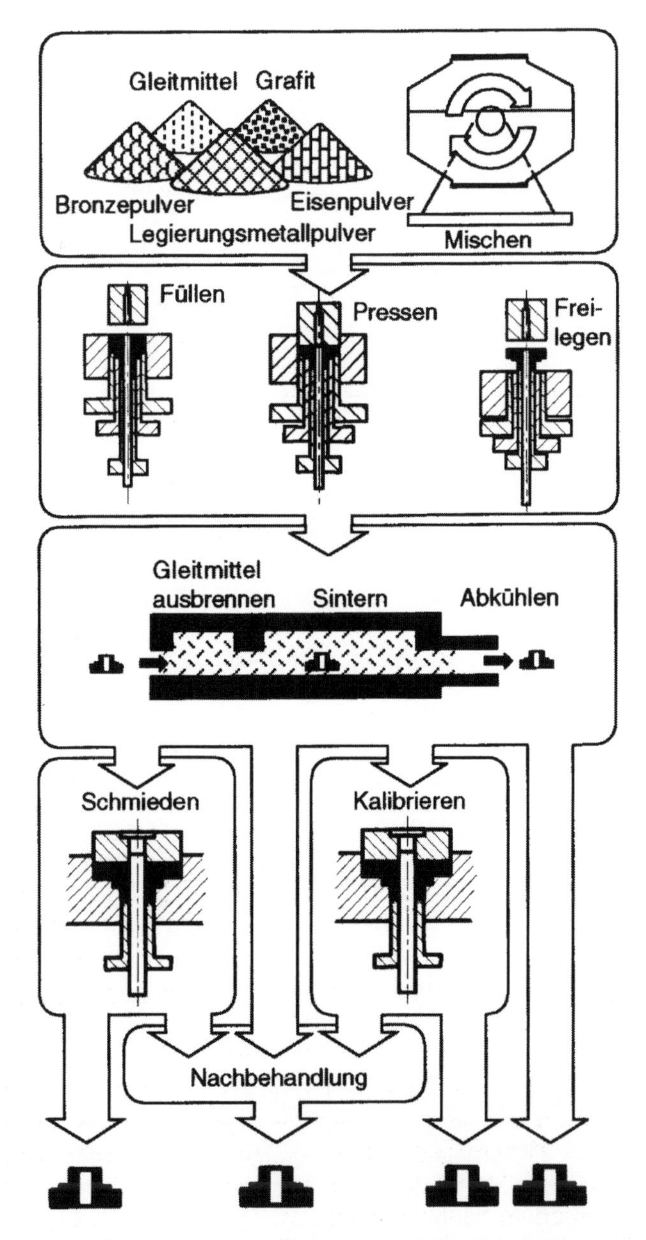

Bild 3-3: Sintern/Pulverschmieden – Fertigungsablauf /KRE-85/

Für die Anwendung der Pulvermetallurgie sprechen folgende Faktoren:

- Es lassen sich Werkstoffe mit spezifischen Eigenschaften erzeugen, die nur pulvermetallurgisch herstellbar sind. Hierzu gehören Legierungen aus Metallen mit sehr unterschiedlichen Schmelzpunkten, Werkstücke mit definierter Porosität, Hartmetalle oder fast „unmögliche Werkstoffkombinationen“
- Es lassen sich Werkstoffe erzeugen, die mit anderen Verfahren nur mit großem Aufwand herstellbar sind, wie zum Beispiel Reinstmetalle und -legierungen oder Werkstoffe mit gleichmäßigen Eigenschaften, Legierungszusammensetzungen und Gefügen
- Es lassen sich wegen des fehlenden Faserverlaufs gleichmäßige Festigkeitseigenschaften in alle Richtungen ausbilden
- Es lassen sich komplizierte Formen mit engen Toleranzen herstellen
- Eine spanende Nachbearbeitung ist nur in Ausnahmefällen nötig
- Die Werkstoffausnutzung ist gut, der Energiebedarf niedrig
- Die Härtbarkeit von Sinterstahlteilen ist wegen des gleichmäßigen Gefüges und der konstanten Materialzusammensetzung besonders gut

Serienteile sind in der Regel so konstruiert, dass zu ihrer Herstellung mehrere Verfahren angewendet werden können, die zueinander im technischen und wirtschaftlichen Wettbewerb stehen. Häufig hat der Anwender zu entscheiden, ob pulvermetallisch herstellbare Werkstücke nicht wirtschaftlicher durch Massiv- oder Blechumformung, durch Schneide- oder durch Gießverfahren hergestellt werden können.

Die Konstruktion des Presswerkzeugs und seine Qualität sind entscheidend für Qualität und Genauigkeit des Fertigteils, da Sintern und Kalibrieren nur noch geringe Maßveränderungen bewirken. Die Lebensdauer von Presswerkzeugen ist abhängig von ihrer Maßgenauigkeit, ihrer Oberflächengüte und ihrem Material – meist Hartmetall oder Schnellarbeitsstahl. Gute Werkzeuge erreichen einige zehntausend Pressungen.

Je nach Zusammensetzung des Sinterpulvers schwinden Pressteile beim Sintern um bis zu 3 %, was bereits bei der Werkzeugauslegung berücksichtigt werden muss. Dieser Sachverhalt erschwert den Einsatz der Pulvermetallurgie besonders bei Werkstücken mit hohen Genauigkeitsanforderungen, wie sie bei Zahnrädern häufig vorkommen. Typische Teile, die heute in Sinter- und Pulverschmiedetechnik hergestellt werden, sind Riemenräder, Plankupplungen, Teile von Zahnradpumpen und Massenteile im Automobilbau mit geringen Gewichten.

Hinsichtlich Wirtschaftlichkeit nimmt die pulvermetallurgische Fertigungstechnik einen Spitzenplatz innerhalb der Formgebungsverfahren für metallische Werkstoffe ein. Dies liegt in erster Linie an den drei folgenden Merkmalen:

- Nahezu 100 %-ige Stoffausnutzung
- Hoher Freiheitsgrad der Formgestaltung bei gleich bleibendem Arbeitsaufwand
- Weiter Anpassungsbereich der Materialeigenschaften an die Bauteilfunktion

Der Nachteil etwa doppelter Stoffkosten im Verhältnis zum erschmolzenen Stahl wird durch die gute Stoffausnutzung meist mehr als ausgeglichen. Der Anfangskostenaufwand zur Erstellung der Werkzeuge und Vorrichtungen erfordert aber in jedem Fall große Fertigungslose.

3.2.3 Präzisionsschmieden

Das Präzisionsschmieden ist dem Pulverschmieden verwandt, verwendet aber keine gesinterten Rohlinge. Es ist – wie die anderen Umformverfahren auch – kein typisches oder ausschließliches Verfahren der Zahnradherstellung, doch ist die Forschungs- und Entwicklungstätigkeit sehr intensiv. Das Verfahren ist generell immer dann interessant, wenn es möglich ist, im Schmiedevorgang in einem Prozess mehrere Form- und Nebenformelemente gemeinsam zu erzeugen.

Wegen der Problematik mit komplexen Geometrien beschränken sich industrielle Anwendungen des Präzisionschmiedens auf die Herstellung von Massenteilen mit Geradverzahnung. Für ein gerade verzahntes Zylinderrad mit Durchgangsbohrung – wie es als Planet in Planetengetrieben vorkommt – wurde ein einstufiges Warmpressverfahren entwickelt, mit dem sowohl das Bauteil selbst als auch die Funktionsflächen wie Verzahnung, Bohrung und Bunde hergestellt werden. Zur Fertigbearbeitung sind lediglich Feinbearbeitungsverfahren erforderlich. Ein Problem ist die vollständige Ausfüllung der stempelseitigen Zahnkanten, die bei diesen Bauteilen als Stirnfläche auch Funktionsflächencharakter haben. Sie müssen während des Umformvorgangs in einer Art Querfließprozess ausgefüllt werden. Dies gelingt nur bei Verwendung der so genannten schwimmenden Matrize. Der Werkstofffluss ist dabei vergleichbar mit dem beim zweiseitigen Pressen auf doppelt wirkenden Maschinen. Die Matrize bewegt sich aufgrund der zwischen Werkstückstoff und Matrize auftretenden Reibung während des Umformvorgangs. Dadurch entstehen zwei Relativbewegungen innerhalb der Matrize, die vorzugsweise die oberen und unteren Zahnkanten füllen.

In der Regel werden heute in Automobilgetrieben schräg verzahnte Räder eingesetzt, weil diese gegenüber Geradverzahnungen bessere Laufeigenschaften haben und geringere Laufgeräusche erzeugen. Alle bekannten Versuche, mit Hilfe des Präzisionsschmiedens schräg verzahnte Räder hoher Qualität herzustellen, enden bisher bei relativ geringen Schrägungswinkeln. Die hohen Aufwendungen für die Schmiedewerkzeuge, die beim Ausstoßen schräg verzahnter Werkstücke eine präzise Verdrehbewegung ausführen müssen, lassen bisher eine wirtschaftliche industrielle Nutzung des Präzisionsschmiedens für die Herstellung von Schrägverzahnungen nicht zu.

Häufiger wird das Präzisionsschmieden für die Herstellung gerade verzahnter Kegelräder eingesetzt. Sie sind mit diesem Prozess praktisch einbaufertig herstellbar. Man verwendet hierzu eine doppelt wirkende Umformmaschine. Das Untergesenk ist als Kugelkalotte ausgeführt. Der Pressstempel mit dem unteren Antrieb wird im Untergesenk in enger Passung temperaturgeregelt geführt. Nach Einlegen eines durch Vorstauchen kegelstumpfähnlichen Rohteils wird das Gesenk lastfrei geschlossen. Dem Schließen des Gesenks folgt der eigentliche Umformvorgang mit dem Einfahren des Pressstempels in das Werkzeug. Damit wird der Rohling in die verzahnte Form des Oberstempels gepresst /DOE-95/.

3.2.4 Pressen

Unter Pressverfahren versteht man Umformverfahren, die bei niedrigen Temperaturen ablaufen. Im Zusammenhang mit der Herstellung von Verzahnungen haben zwei Verfahrensvarianten etwas größere Bedeutung erlangt, das Kalt-Hohl-Vorwärts-Fließpressen und das Taumelpressen.

Beim Kalt-Hohl-Vorwärts-Fließpressen drückt ein unverzahnter Stempel mit einem Innendorn einen unverformten Rohling durch eine am unteren Ende verzahnte Matrize. Qualitätsbestimmend sind die Schmierschicht, die das Gleitverhalten zwischen Rohling und Matrize verbessern soll, sowie die geometrischen Größen Matrizen-Schulteröffnungswinkel, die formgebende Werkzeuglänge und die Innendornausbildung. Das Verfahren wird zum Vorverzahnen großer Stückzahlen kleiner Stirnräder eingesetzt. Man erreicht dabei Qualitäten der Größenordnung DIN 9-10 bei Hauptzeiten von ungefähr einer Sekunde /KOE-96-2/.

Das so genannte Taumelpressen hat eine völlig andere Kinematik. Es versucht, die gerade bei der Zahnradherstellung durch Pressen nachteilige Reibung, die das radiale Fließen des Materials behindert, zu vermeiden. Durch diesen Nachteil der konventionellen Pressverfahren wird die Zahnfußbeanspruchbarkeit geschwächt.

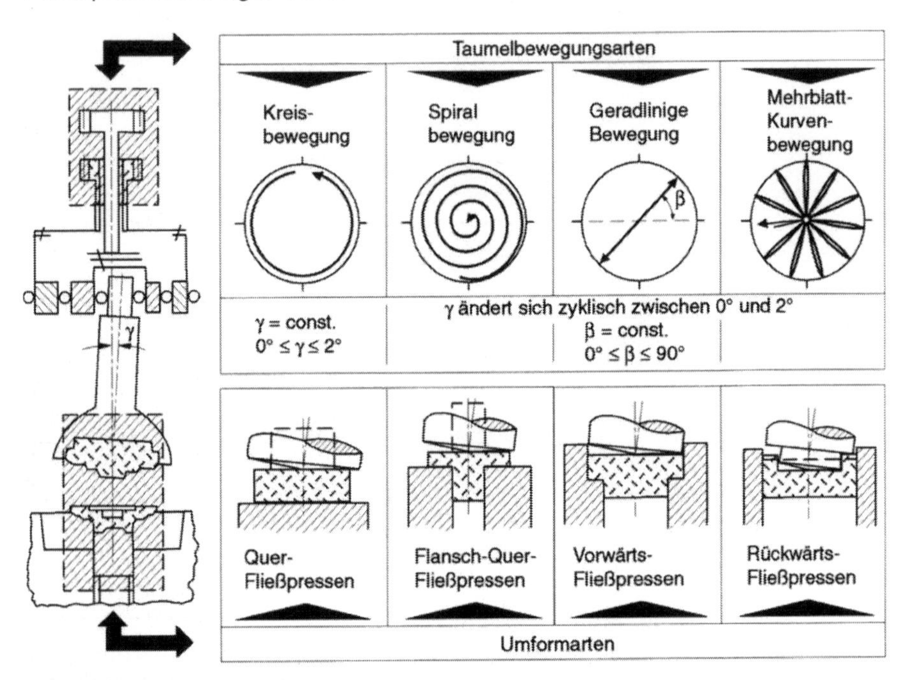

Bild 3-4: Umformkinematik/Umformarten beim Taumelpressen /WEC-88/

Die prinzipielle Konstruktion sowie die möglichen Taumelbewegungsarten einer Taumelpresse sind im **Bild 3-4** dargestellt. Anhand des linken Bildteils lassen sich der Aufbau und die Funktion einer Taumelpresse erläutern. Sie besteht wie andere Pressen aus einem Ober- und einem Untergesenk. Die zur Umformung des Rohlings nötige Presskraft wird hydraulisch im Unterteil der Maschine aufgebracht. Dadurch führt das Untergesenk eine nach oben gerichtete Linearbewegung aus und presst den Rohling gegen das taumelnde Obergesenk. Die Taumelbewegung wird im Pressenteil mechanisch erzeugt. Dazu treiben ein variabler und ein konstanter Antrieb unabhängig voneinander zwei ineinander liegende Exzenterhülsen. Durch unterschiedliche kinematische Kopplung beider Antriebe im Oberteil der Maschine lassen sich unterschiedliche Drehgeschwindigkeiten und Drehrichtungen der Exzenterhülsen erzeugen. Eine Rotationsbewegung des Obergesenks um die eigene Achse findet dabei nicht statt.

Bei einer bekannten Ausführung einer Taumelpresse lassen sich vier verschiedene Bewegungsarten einstellen. Diese Bewegungen sind prinzipiell ebenfalls im **Bild 3-4** gezeigt. Mit Hilfe entsprechender Variation der Geometrie von Ober- und Untergesenk sind verschiedene Umformarten realisierbar.

Auch das Taumelpressen ist kein Verfahren, das ausschließlich oder überwiegend für die Zahnradherstellung eingesetzt wird. Am besten eignet es sich noch für die Herstellung von gerade verzahnten Kegel- oder Tellerrädern. Vorwiegend wird dann die kreisförmige Taumelbewegung benützt. Die mit Taumelpressen erzielten Qualitäten reichen in der Regel nicht aus, um einbaufertige Räder zu erzeugen.

3.2.5 Feinschneiden

Das Feinschneiden ist mit dem Stanzen eng verwandt. Der Unterschied besteht darin, dass vor dem Schneidvorgang das Material direkt neben der Schnittkante festgeklemmt wird, so dass nur ein Werkstofffluss in Schnittrichtung entstehen kann. Außerhalb der Schnittkontur wird diese Festhaltefunktion von einer so genannten Ringzacke übernommen, innerhalb der Schnittkontur vom Auswerfer, der als Gegenhalteplatte fungiert.

Abhängig von der Geometrie des Feinschneidewerkzeugs, das wiederum aus Ober- und Unterteil besteht, sind vielerlei Werkstückgeometrien denkbar. Auch bei diesem Verfahren ist die Herstellung von Zahnrädern zwar möglich, aber eher die Ausnahme. In jedem Fall ist die schneidbare Materialstärke auf etwa 8 mm beschränkt. Der Schneidspalt zwischen Stempel und Schneidplatte beträgt nur wenige Hundertstel Millimeter.

Beim Feinschneiden wird das Rohmaterial in der Regel als Bandmaterial zugeführt. Es entstehen Werkstücke, die glatte Schnittflächen aufweisen, hohe Form- und Maßgenauigkeit besitzen und die nach einem Entgratvorgang einbaufertig sind. Voraussetzung für zufrieden stellende Feinschneidqualität sind neben einer stabilen, exakt arbeitenden und vollautomatisierten Maschine ein hochpräzises Werkzeug und ein verformbarer Werkstoff.

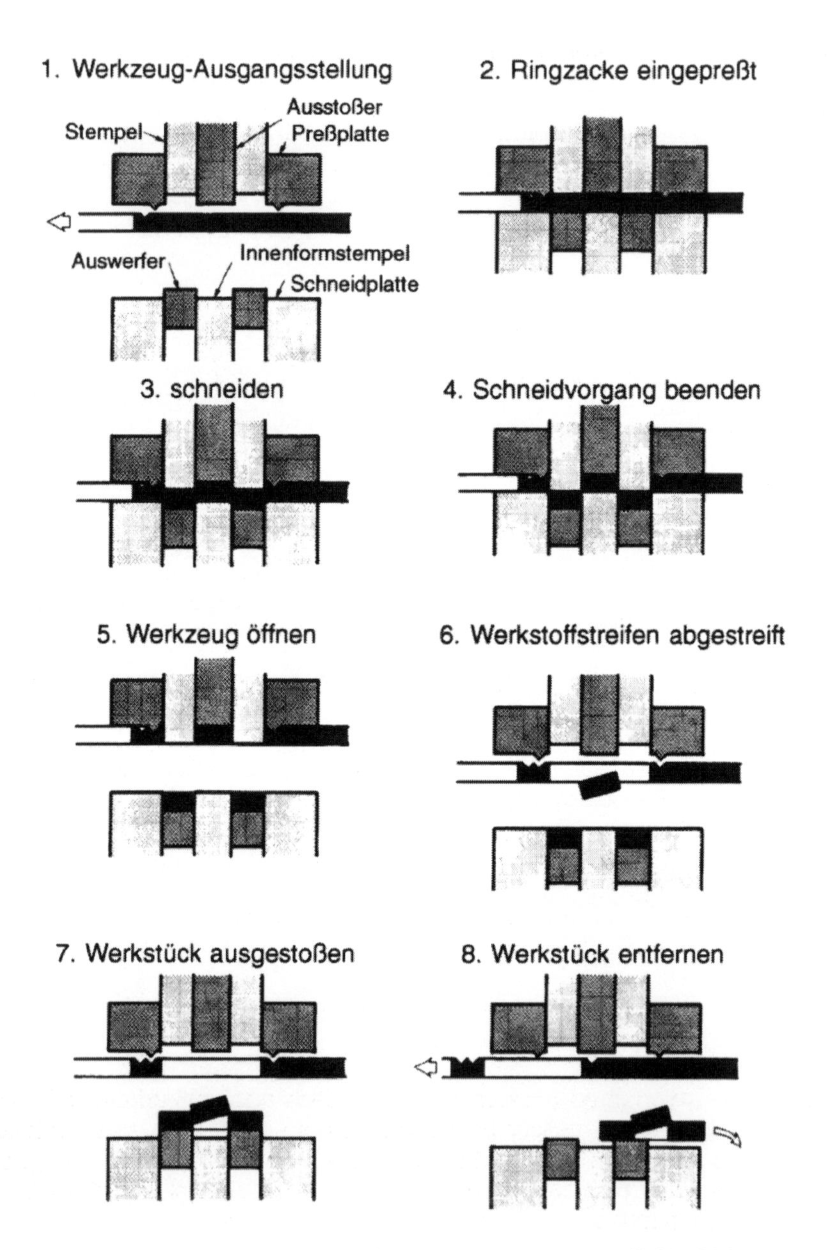

Bild 3-5: Funktionsablauf des Feinschneidens /SCH-82/

Bild 3-5 zeigt in mehreren Stufen den Feinschneidvorgang eines Werkstückes mit Außen- und Innenkontur im Detail. Deutlich erkennt man das Schließen des Ober- und Unterteils mit dem Einpressen der Ringzacke (Darstellung 1-2), den eigentlichen Schneidvorgang (Darstellung 3-4) sowie die nachfolgenden Teilfunktionen Werkstück- und Butzenauswurf, die vor dem Materialvorschub des Metallbandes abgeschlossen sein müssen.

Feinschneidpressen werden als mechanische Kniehebelpressen oder – überwiegend – als hydraulische Pressen ausgeführt. Die hydraulischen Maschinen haben eine Reihe von Vorteilen:

- Die Schnittkraft bleibt während des Schneidevorganges konstant
- Die Kraft des Hydraulikkolbens wirkt nur in Schnittrichtung
- Der Stößelhub ist einstellbar
- Die Stößelgeschwindigkeit ist für Zustellung und Rückhub regelbar
- Die Presse ist nicht überlastbar

Aus obigen Gründen werden mechanische Pressen nur für kleine und dünne Teile mit Materialstärken bis zu maximal 3 mm eingesetzt.

3.2.6 Walzen/Rollen

Im Bereich der Zahnradherstellung haben sich mehrere Walz- oder Rollverfahren etabliert. Es handelt sich dabei durchweg um Kaltverformungsverfahren. Die jeweils eingesetzten Werkzeuge und die jeweilige Kinematik unterscheiden sich maßgeblich. Im Einzelnen werden nachfolgend folgende Verfahren beschrieben:

- Querwalzen mit außen verzahnten Rundwerkzeugen
- Querwalzen mit innen profilierten Rundwerkzeugen
- Querwalzen mit Flachbackenwerkzeugen (Roto-Flo-Verfahren)
- Kaltwalzen nach dem GROB-Verfahren

Bei allen Walzverfahren tritt der Effekt auf, dass das unbearbeitete Rohteil einen kleineren Durchmesser besitzt als es dem Kopfkreis des verzahnten Werkstücks entspricht. Dies führt unter Umständen dazu, dass der geeignete Durchmesser des Rohteils vor der Bearbeitung theoretisch oder empirisch ermittelt werden muss.

Querwalzen mit außen verzahnten Rundwerkzeugen

Für das Walzen von außen verzahnten Profilen aus vollem Material mit Rundwerkzeugen werden in der Regel Zweirollenmaschinen eingesetzt, die aus Gewinderollmaschinen entwickelt wurden. Das generierende Werkzeugprofil ist eine zylindrische Außenverzahnung, die sich beim Abrollen im Rohling abbildet. Die Rollwerkzeuge laufen mit synchronisierter, gleichsinniger Drehbewegung, die sich während des Walzprozesses auf das zwischen ihnen geführte Werkstück überträgt.

Abhängig von der Zustellmethode unterscheidet man das Durchlauf- und das Einstechverfahren. Beim Durchlaufverfahren wird das Werkstück axial durch den Arbeitsbereich der Rollwerkzeuge transportiert. Die Werkzeuge haben dabei einen konstanten Achsabstand. In Längsrichtung besitzen die verzahnten Mantelflächen einen Einlaufkonus, einen Kalibrierbereich und einen Auslaufkonus. Beim Einstichverfahren bleibt das Werkstück in axialer Richtung fixiert. Die Verzahnung entsteht durch Achsabstandsverringerung der zylindrischen Rollwerkzeuge. Bei dieser Variante ist die Verzahnungsbreite durch die Werkzeugbreite begrenzt.

Auf Zweirollenmaschinen können schräg- und gerade verzahnte Profile bis zu Durchmessern von max. 100 mm und Moduln von max. 3,5 mm gewalzt werden.

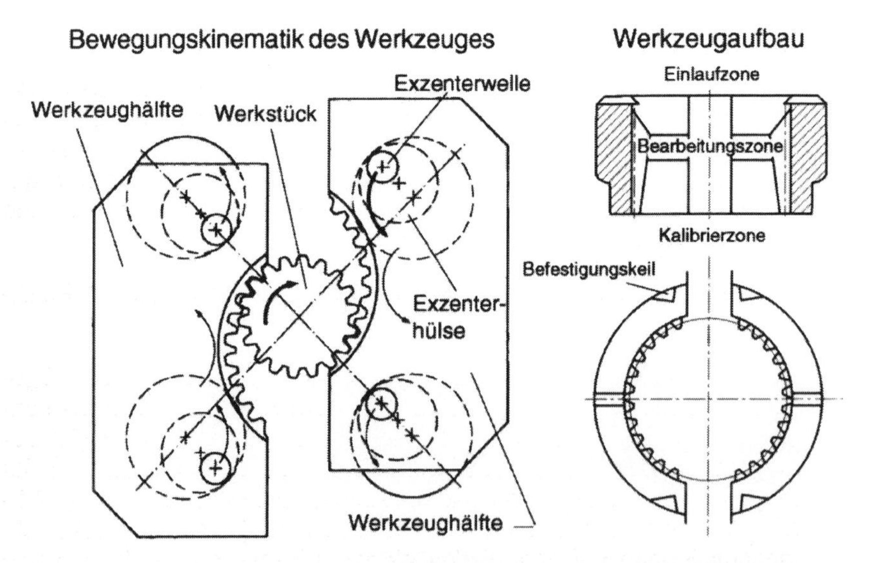

Bild 3-6: Querwalzen mit innen profilierten Rundwerkzeugen /KOE-96-2/

Querwalzen mit innen profilierten Rundwerkzeugen

Bei diesem Verfahren ist das Werkzeug als Innenverzahnung ausgeführt und geteilt. Ein Werkzeugsatz besteht aus zwei Ringsegmenten, die in bewegten Backen in der Maschine aufgenommen werden (siehe **Bild 3-6**).

Die Bewegung der Backen wird über zwei Exzenterwellen gesteuert, so dass jeder Punkt der Werkzeuggeometrie einen Kreisbogen beschreibt. Die Mittelpunkte der Werkzeughälften bewegen sich mit einer Phasenverschiebung von 180° um den Werkstückmittelpunkt und beschreiben einen Kreis, dessen Durchmesser entsprechend der Werkstückgeometrie eingestellt wird.

Während der Formbewegung wälzen die Werkzeuge auf dem rotierenden, jedoch axial stillstehenden Werkstück ab. Dadurch entsteht eine Verzahnung entsprechend der Werkzeugbreite. Während einer anschließenden Leerbewegung erfolgt ein Sprungvorschub des Werkstücks in axialer Richtung. Dabei wird jedoch die Orientierung von Werkzeug und Werkstück über Teilwechselräder oder ein elektronisches Getriebe aufrechterhalten, um eine korrekte Drehwinkelstellung für den nächsten Umformvorgang sicherzustellen.

Die verzahnte Arbeitsfläche des Werkzeugs besitzt einen kegeligen Einlaufbereich, einen zylindrischen Kalibrierbereich und eine kegelige Auslaufzone.

Querwalzen mit Flachbackenwerkzeugen (Roto-Flo-Verfahren)

Beim Querwalzen mit Flachbackenwerkzeugen werden zahnstangenartige Werkzeuge verwendet. Sie können gerade oder schräg verzahnt sein. Ein Werkzeugsatz besteht aus zwei geraden Walzbacken, die auf beiden Seiten des Werkstücks horizontal oder vertikal geführt sind und synchronisiert gegenläufig verfahren werden. Das Verfahren ist auch unter der Bezeichnung Roto-Flo-Verfahren bekannt.

Die Ausführung der Walzbacken kann nach zwei unterschiedlichen Prinzipien erfolgen:

- Im ersten Fall besteht die verzahnte Funktionsfläche aus einem abgeschrägten Einlaufbereich (Arbeitszone), dem Kalibrierbereich mit konstanter Zahnhöhe und einem abgeschrägten Auslaufbereich (Entlastungszone). Das Werkstück wird zwischen Spitzen aufgenommen. Zu Beginn des Walzvorganges sind die Arbeitsbacken auseinander gefahren. Sie bewegen sich dann translatorisch in der jeweiligen Werkstücktangentialebene auf das Werkstück zu, erfassen es gleichzeitig und versetzen es durch Reibschluss in Rotation. Nach einem Arbeitshub ist der Umformprozess abgeschlossen.

Wegen der begrenzten Werkzeuglänge wird diese Verfahrensvariante in erster Linie eingesetzt in der Massenfertigung von Steck- oder Kerbverzahnungen, aber auch zur Herstellung von Ölnuten und Gewinden.

- Bei der zweiten Variante ist die Funktionsfläche der Walzbacken nicht abgeschrägt, sondern mit konstantem Profil ausgeführt. Die Tiefenzustellung wird nicht durch die Werkzeuggestaltung, sondern durch eine eigene radiale Vorschubbewegung realisiert. Dadurch sind praktisch beliebig viele Umformoperationen nacheinander durchführbar.

  Diese Variante eignet sich wegen der im Prinzip „unendlich langen Walzstange" besser für die Herstellung von Laufverzahnungen.

Kaltwalzen nach dem GROB-Verfahren

Auf **Bild 3-7** ist die Grundkinematik eines Kaltwalzverfahrens für die Herstellung gerade verzahnter Räder dargestellt, das unter dem Namen GROB-Verfahren bekannt geworden ist. Mit der entsprechenden Walzmaschine lassen sich aus unverzahnten Rohteilen genaue Zahnräder, Vielkeilprofile oder andere verzahnte Teile walzen. Dabei wird das Material vom Zahngrund zum Zahnkopf hin verdrängt, eine Längung des Werkstücks findet normalerweise nicht statt.

Während des Walzvorganges dreht sich das Werkstück um die eigene Achse. Zwei gegenüberliegende, gegenläufig rotierende Walzköpfe bearbeiten gleichzeitig, symmetrisch und mit kurzer Einwirkzeit pro Vorgang den Rohling. Die Walzköpfe sind am Umfang mit planetenartig gelagerten Werkzeugen ausgerüstet. Werkstück und Walzköpfe sind drehzahlmäßig so miteinander gekoppelt, dass jeder Eingriff in eine neue Zahnlücke trifft. Gleichzeitig erfolgt eine Vorschubbewegung in Werkstücklängsrichtung. Das Verfahren kann sowohl im Gleichlauf als auch im Gegenlauf arbeiten.

Man unterscheidet je nach Kopplung von Werkzeug- und Werkstückbewegung ein diskontinuierliches und ein kontinuierliches Teilverfahren. Beim diskontinuierlichen Teilverfahren steht das Werkstück im Gegensatz zum kontinuierlichen Teilverfahren während des Werkzeugeingriffs kurzzeitig still. Beim kontinuierlichen Teilverfahren müssen zur Kompensation der Relativbewegung zwischen Werkzeug und Werkstück die Walzspindelachsen geringfügig geschwenkt werden.

Mit dem GROB-Verfahren lässt sich jede Profilform gleichmäßiger Teilung mit gerader oder ungerader Zähnezahl herstellen. Auch Abweichungen von der Evolventenform der Flanke bis hin zu kreisbogenförmigen oder Klinkenprofilen sind bei entsprechender Ausbildung des Walzrollenprofils möglich. Die hohen Anforderungen, die üblicherweise an Laufverzahnungen gestellt werden, lassen sich aber oft nur realisieren, wenn erforderliche Korrekturen, z.B. wegen einer Rückfederung der Zahnflanken, in die Flankenform der Profilrollen einbezogen werden. Die entsprechenden Korrekturbeträge werden häufig empirisch ermittelt.

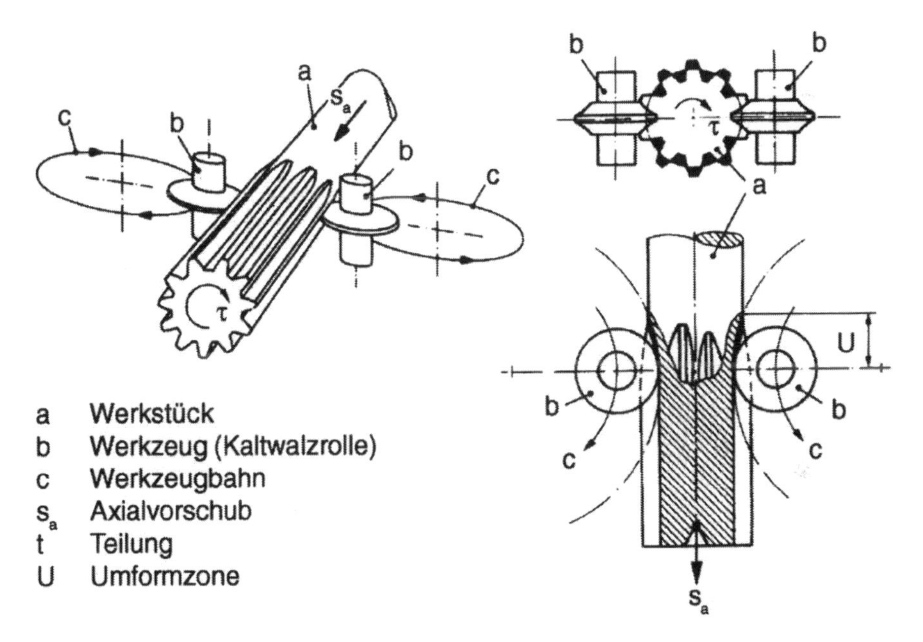

Bild 3-7: Bewegungskinematik beim Kaltwalzen nach Grobverfahren /WEC-88/

3.3 Spanende Verfahren zur Zylinderradherstellung

Grundlagen der Zerspantechnik

Die spanenden Verfahren der Zahnradherstellung und die zugehörigen Maschinen bilden eine Gruppe innerhalb der spanenden Werkzeugmaschinen. Die so genannten Wälzverfahren setzen in der Regel geometrisch sehr komplexe Werkzeuge ein. Trotzdem basieren auch diese Verfahren und Werkzeuge auf den klassischen Grundlagen der Zerspantechnologie mit geometrisch bestimmter oder unbestimmter Schneide. Zum besseren Verständnis werden nachfolgend zunächst die Größen am Schneidkeil beim Spanen mit geometrisch bestimmter Schneide sowie die wichtigsten Verschleißarten bei der spanenden Bearbeitung dargestellt. Die entsprechenden Angaben zur Zerspanung mit geometrisch unbestimmter Schneide finden sich als Vorspann zum Kapitel Hartbearbeitungsverfahren.

Auf **Bild 3-8** ist das Prinzip eines Abschervorgangs gezeigt, wie er an einem Schneidkeil – unabhängig vom Zerspanverfahren – auftritt. Wichtige Grundbegriffe sind der Freiwinkel α zwischen der Freifläche am Werkzeug und der abgespanten Schnittfläche am Werkstück, sowie der Spanwinkel γ zwischen der Spanfläche des Werkzeugs und der Normalen auf der abgespanten Schnittfläche am Werkstück in der Schneidkeilspitze. Beide Größen haben erheblichen Einfluss auf das Standzeitverhalten eines Werkzeugs und auf die Verschleißbildung.

Der Zerspanungsprozess führt am Schneidkeil eines Werkzeugs zu Verschleißerscheinungen, die sich je nach Belastungsart und -dauer unterschiedlich stark ausbilden. **Bild 3-9** stellt typische Verschleißformen und die zugehörigen Begriffe dar.

Besonders wichtig sind der Freiflächenverschleiß als häufiges Versagenskriterium und der Kolkverschleiß, der sich auf der Spanfläche bildet. Bei ständiger Vergrößerung des Kolkverschleißes kommt es zur Ausbildung einer Kolklippe und möglicherweise zu einem Kolklippenbruch. Bei beiden geschilderten Verschleißarten verschiebt sich die Schneidkeilspitze in Richtung der Frei- oder Spanfläche und führt zu Maßfehlern am Werkstück und schließlich zum Standzeitende oder Versagen des Werkzeugs. Der auf **Bild 3-9** ebenfalls gezeigte Oxidationsverschleiß an der Nebenfreifläche hat nur zweitrangige Bedeutung.

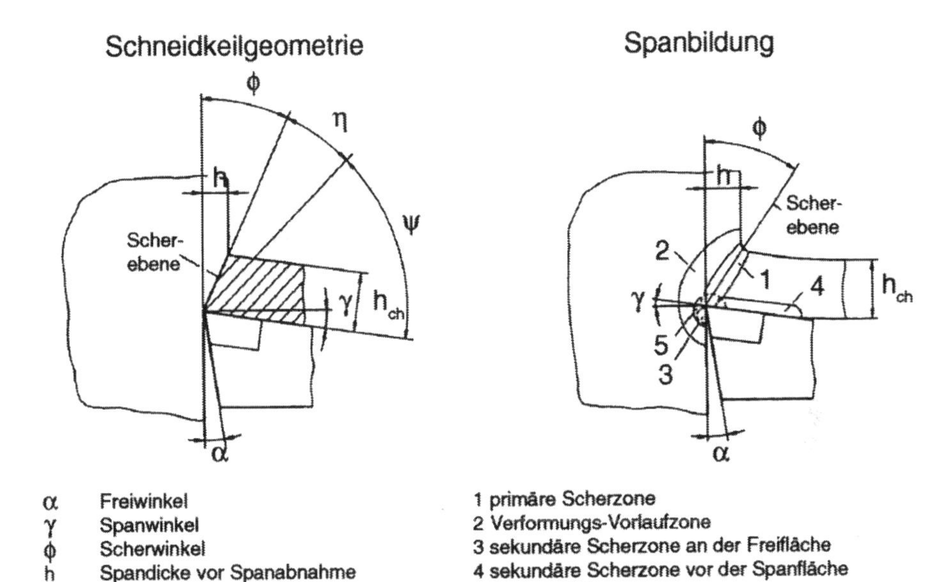

Bild 3-8: Grundlagen der Zerspanungslehre/geometrisch bestimmte Schneide /KOE-84/

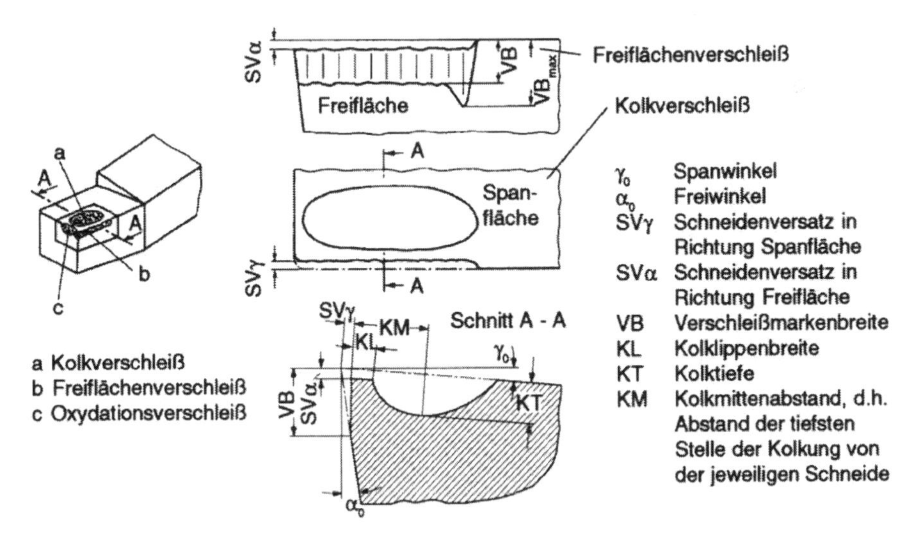

Bild 3-9: Verschleißformen/Verschleißmechanismen /KOE-84/

Grundlagen der spanenden Herstellung von Zylinderrädern

In **Bild 3-10** sind die spanenden Verfahren zur Zahnradherstellung in Gruppen eingeteilt. Je nach Maschinenkinematik der Verzahnverfahren unterscheidet man formende und wälzende Herstellverfahren. Dies bedeutet aber nicht, dass grundsätzlich für Form- und Wälzverfahren unterschiedliche Maschinenkonzepte angewandt werden müssen. Bei den Formverfahren besitzt das Werkzeug (Formfräser, Schleifscheibe, Umformwerkzeug) die Kontur der zu fertigenden Zahnlücke. Bei den meisten Formverfahren wird jede Zahnlücke einzeln gefertigt und anschließend das Werkrad zur Bearbeitung der nächsten Zahnlücke um den Winkel einer Zahnteilung gedreht (Einzelteilverfahren). Da das Werkzeugprofil genau dem Zahnlückenprofil entspricht, muss jeder Werkradauslegung ein spezielles Werkzeug zugeordnet werden. Die Einsatzschwerpunkte von Formverfahren liegen bei der Einzelfertigung großer Werkstücke bzw. bei der Massenfertigung kleinerer Zahnräder.

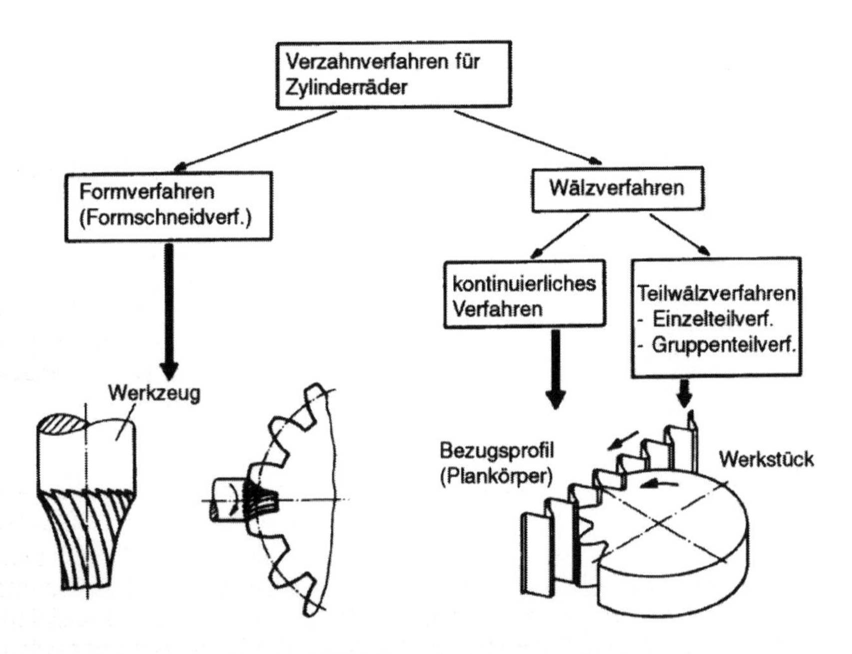

Bild 3-10: Verzahnverfahren zur Herstellung von Zylinderrädern /WEC-88/

Den Formverfahren stehen die Wälzverfahren gegenüber, die ihrerseits in kontinuierliche und diskontinuierliche Verfahren unterteilt werden. Die diskontinuierlichen Verfahren werden auch Teilwälz- oder Gruppenteilverfahren genannt, weil ein Werkstück hierbei nicht vollständig ausgewälzt, sondern zwischen einzelnen Wälzzyklen immer wieder weitergeteilt wird.

In **Bild 3-11** sind die gängigsten Wälzverfahren am gemeinsamen Bezugsprofil Zahnstange dargestellt. Zum besseren Verständnis muss man sich das nur links am Hobelkamm gezeichnete Werkstück ein zweites Mal im Eingriff mit dem Wälzfräser, ein drittes Mal im Eingriff mit dem Schneidrad und ein viertes Mal im Eingriff mit dem Schälrad vorstellen. Beim Wälzfräsen, Wälzstoßen und Wälzschälen handelt es sich wegen der in Wälzrichtung praktisch unbegrenzten Werkzeuglänge um kontinuierliche Wälzverfahren, mit denen Werkstücke ohne Unterbrechung vollständig ausgewälzt werden können. Beim Hobeln muss wegen der begrenzten Werkzeuglänge innerhalb eines Werkstücks immer wieder ein Teilvorgang durchgeführt werden.

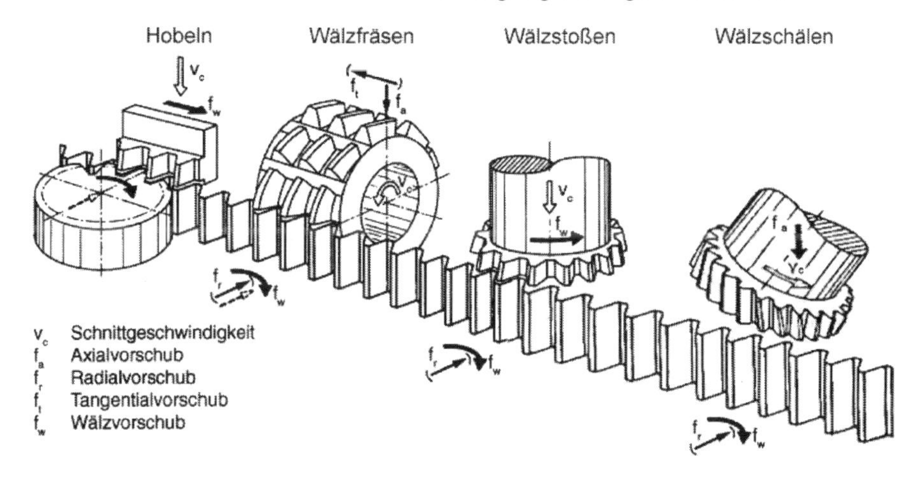

Bild 3-11: Wälzverfahren /WEC-88/ /BAU-15/

Bei den Wälzverfahren entsteht die evolventische Zahnflankenform durch die Abwälzbewegung des Werkzeugs auf dem Wälzkreiszylinder des Werkrades in der Verzahnmaschine. Der theoretische Wälzvorschub des Zerspanvorganges besteht in der Maschine aus einer rotatorischen Wälzkomponente des Werkrades und einer meist vom Werkzeug ausgeführten translatorischen Wälzkomponente. Entsprechend der Abwälzbedingung und der hohen Anforderungen an die Genauigkeit müssen beide beteiligte Maschinenachsen mechanisch oder elektronisch miteinander gekoppelt sein.

Bei den Wälzverfahren entstehen beim Zerspanvorgang auf dem Zahnprofil einzelne Schnittflächen, deren Einhüllende die Evolvente ist. Die Hüllschnittkonturen berühren die theoretisch richtige Evolvente jeweils in einem Punkt, alle übrigen Punkte weichen von der idealen Evolvente ab. Betrachtet man zusätzlich die Ausbildung der Zahnlücke in Zahnrichtung, so zeigen sich zwischen dem Wälzfräs- und Wälzschälverfahren einerseits und den Verfahren Wälzstoßen und Wälzhobeln andererseits deutliche Unterschiede. Sowohl Stoß- als auch Hobelbewegung arbeiten mit einer geradlinigen Schnittbewegung. Dies führt zu einer Spanabnahme, die im Wesentlichen in Zahnrichtung verläuft. Beim Wälzfräsen und Wälzschälen wird das rotierende Werkzeug mit Hilfe des Axialschlittens in Zahnlängsrichtung bewegt. Wegen des rotierenden Werkstücks entstehen beim Wälzschälen abhängig vom Axialvorschub Markierungen in Zahnrichtung, die zusammen mit den vorher beschriebenen Hüllschnitten des Evolventenprofils der wälzgefrästen Zahnflanke ein facettenartiges Aussehen verleihen. Wälzgefräste und wälzgeschälte Späne sind immer kurz, während Späne von Stoß- und Hobelmaschine über die gesamte Zahnradbreite abgenommen werden können. Abwälzwerkzeuge können häufig bei gleichem Modul für die Fertigung unterschiedlicher Zähnezahlen eingesetzt werden.

Die wichtigsten Verfahren der Zahnradweichbearbeitung sind Wälzfräsen und Wälzstoßen. Generell ist Wälzfräsen wirtschaftlicher, wenn man von sehr schmalen Werkstücken einmal absieht. Wälzstoßen hat seine typischen Einsatzgebiete dort, wo – wie bei Innenverzahnungen – ein Wälzfräser nicht eingesetzt werden kann oder wo der axiale Freiraum am Werkstück das Wälzfräsen nicht zulässt. Schneckenräder sind nur durch Fräsen herstellbar.

In den nachfolgenden Ausführungen über die einzelnen Verzahnverfahren wird jeweils zuerst Technologie und Kinematik des Verfahrens erläutert. Anschließend werden Bauarten und Eigenschaften der zugehörigen Maschine und schließlich der Werkzeuge behandelt.

3.3.1 Wälzfräsen/Formfräsen

Das Wälzfräsverfahren ist das am häufigsten eingesetzte Verfahren für die Weichvorbearbeitung von Zahnrädern. Es ist für kleine Zahnräder ebenso einsetzbar wie für Werkstücke mit Durchmessern bis zu mehreren Metern. Die Anwendung beschränkt sich jedoch auf Außenverzahnungen mit genügend axialem Freiraum. Wälzfräsmaschinen werden auch für Formfräsarbeiten eingesetzt. Das geschieht einfach dadurch, dass in die Werkzeugaufnahme Formfräswerkzeuge eingesetzt werden und über die Steuerung der Maschine entsprechende Abläufe programmiert werden.

Wälzfräsmaschinen sind kontinuierlich arbeitende Verzahnmaschinen. Das verwendete Werkzeug ist aus geometrischer Sicht eine Evolventenschnecke, deren Schneckengänge durch Spannuten unterbrochen sind. Die Flanken und der Kopf der Schneidzähne sind hinterarbeitet, um den für die Zerspanung notwendigen Freiwinkel zu schaffen. Werkzeug und Werkrad wälzen wie in einem Schneckengetriebe miteinander. Die Fräserdrehung erzeugt die Schnittbewegung und zusätzlich die translatorische Wälzkomponente durch tangentiales Verschrauben der Schneidflanken.

Die Zerspanung erfolgt mit geschwenktem Fräser. Der Fräserschwenkwinkel η ergibt sich aus Richtung und Betrag des Schrägungswinkels β_0 und des Fräsersteigungswinkels γ_0. Die Vorschubbewegung des Werkzeugs relativ zum Werkstück erfolgt in Zahnbreitenrichtung. Für eine gleichmäßige Fräserbelastung und zur Verschleißreduzierung kann das Werkzeug kontinuierlich oder in Zeitabständen tangential zum Werkstück verschoben werden. Man spricht dann vom „Shiften“. Für einen bestimmten Wälzfräser sind Modul und Eingriffswinkel definiert. Mit demselben Fräser können allein durch Variation der Maschineneinstellungen Werkstücke mit unterschiedlichen Zähnezahlen, Profilverschiebungen und Schrägungswinkeln hergestellt werden.

Bild 3-12 zeigt die Werkzeug-/Werkradanordnung während des Arbeitsprozesses. Zur Spanabnahme rotieren Wälzfräser und Werkrad mit hoher Genauigkeit in einem genau festgelegten Übersetzungsverhältnis.

Die Genauigkeit wird bei älteren Maschinen mit Hilfe eines mechanischen Getriebezuges, bei modernen Maschinen mit elektronischer Synchronisation, dem so genannten elektronischen Getriebe sichergestellt. Je nach Wälzfräsverfahren führt das Werkzeug neben der Drehung um die eigene Achse translatorische Bewegungen in axialer und tangentialer Richtung aus, während zum Erreichen der Tauchtiefe das Werkrad oder das Werkzeug in radialer Richtung verfährt. Durch die Variation der Bewegungsfolge entstehen die unterschiedlichen Wälzfräsverfahren Axial-, Schräg-, Diagonal- und Radial-Axial-Wälzfräsen, auf die nachfolgend noch näher eingegangen wird. In der industriellen Fertigung überwiegt das Axialwälzfräsen.

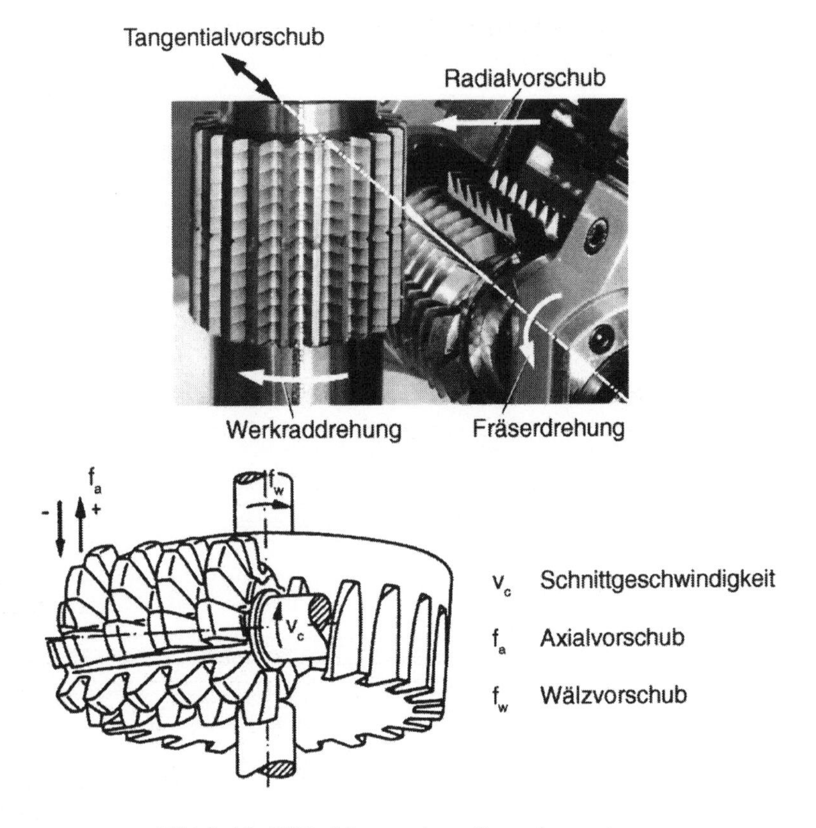

Bild 3-12: Wälzfräsen einer Geradverzahnung

Die Herstellung einer Geradverzahnung erfolgt unter folgenden Randbedingungen:

- Wälzfräser und Werkstück wälzen mit gekreuzten Achsen
- Die Achse des Wälzfräsers ist um den Steigungswinkel γ_0 des Fräsers gegen die Werkstückstirnebene geschwenkt
- Wälzfräser und Werkstück werden um die Zahntiefe h gegeneinander zugestellt
- Wälzfräser und Werkstück drehen sich im Verhältnis Werkstückzähnezahl z_2 zu Frässergangzahl z_0

- Der Wälzfräser oder das Werkstück wird mit Vorschubgeschwindigkeit parallel zur Werkstückachse bewegt, dabei erfolgt die Spanabnahme
- Nach einer genügenden Anzahl von Werkstückumläufen sind alle Zahnlücken auf der gesamten Werkstückbreite ausgeschnitten

Für die Herstellung von Schrägverzahnungen gibt es prinzipiell zwei Möglichkeiten, das Grant-Verfahren und das Pfauter-Verfahren. Mit der Erteilung des Pfauter-Patents über das so genannte Differential im Jahre 1900 verlor das Grant-Verfahren an Bedeutung. Es wird heute nicht mehr eingesetzt. Beim Grant-Verfahren wurde die Gleitführung für den Frässchlitten mit dem Wälzfräser oder auch die Aufnahme mit dem Werkstück um den Schrägungswinkel geschwenkt. Die Achse des Wälzfräsers wurde zusätzlich um den Steigungswinkel gegen die Senkrechte zur Gleitführung geschwenkt. Die Zerspanung erfolgte dadurch, dass der Wälzfräser oder das Werkstück parallel zur Zahnrichtung des Werkstücks bewegt wurde. Das bei dieser Kinematik stattfindende „Durchschrauben“ des Wälzfräsers benötigte abhängig von der Verzahnbreite unter Umständen sehr lange Werkzeuge.

Beim heute durchweg praktizierten Pfauter-Verfahren erfolgt die Bewegung des Frässchlittens grundsätzlich parallel zur Werkstückachse. Die Achse des Wälzfräsers wird um den Frässteigungswinkel und um den Schrägungswinkel der zu fräsenden Verzahnung geschwenkt. Während des Zerspanvorgangs erhält das Werkstück eine Zusatzdrehung durch ein Differentialgetriebe, das bei modernen Maschinen durchweg elektronisch realisiert wird.

In **Bild 3-12** sind die Vorschubmarkierungen gut zu erkennen, die beim Wälzfräsen durch den Axialvorschub des Werkzeugs erzeugt werden. Der Abstand zwischen zwei Markierungen zeigt den vom Wälzfräser zurückgelegten Weg während einer Werkstückumdrehung (WU). Hieran zeigt sich auch ein Zusammenhang zwischen Qualität und Bearbeitungszeit insofern, als höhere Axialvorschübe zwar die Bearbeitungszeit reduzieren, andererseits aber zu stärkeren Vorschubmarkierungen – also Qualitätseinbußen – führen.

Abhängig von der Richtung des Axialvorschubs unterscheidet man beim Wälzfräsen wie beim normalen Fräsen das „Gleichlauffräsen“ und das „Gegenlauffräsen“. Bei der Definition dieser Verfahrensarten ist es unabhängig von der technischen Ausführung immer maßgebend, wie sich das Werkstück relativ zum feststehend gedachten Werkzeug bewegt. Ist diese Relativbewegung mit der Schnittrichtung des Werkzeugs identisch, spricht man von Gleichlauffräsen. Bei Zweischnittbearbeitungen wird häufig im Gleichlauf geschruppt und im Gegenlauf geschlichtet, was Leerbewegungen des Frässchlittens einspart. Bei der Bearbeitung von Schrägverzahnungen durch Wälzfräsen unterscheidet man weiterhin das „gleich- und gegensinnige Wälzfräsen". Gleichsinniges Wälzfräsen bedeutet, dass die Steigungen von Werkzeug und Werkrad gleichgerichtet sind. Davon ist der Fräserschwenkwinkel abhängig, der in der Maschine eingestellt werden muss.

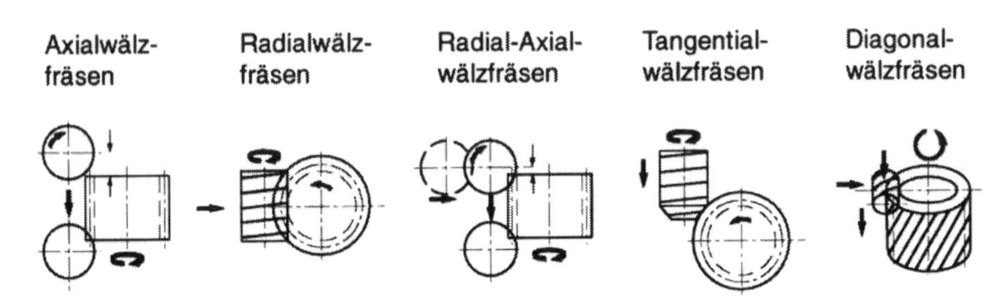

Bild 3-13: Zustellverfahren beim Wälzfräsen nach Pfauter-Verfahren /HOE-89/

In **Bild 3-13** sind die oben bereits erwähnten Zustellmethoden beim Wälzfräsen gegenübergestellt. In der Regel wird mit dem Begriff die Vorschubrichtung des Wälzfräsers relativ zur Werkstückachse angegeben. Man unterscheidet:

- **Axialwälzfräsen:** Der Wälzfräser bewegt sich während des Zerspanvorgangs nur in Achsrichtung des Werkstücks. Dadurch entsteht ein großer Einlaufweg in axialer Richtung.

- **Radialwälzfräsen:** Der Wälzfräser bewegt sich während der Zerspanung nur in radialer Richtung des Werkstücks. Mit diesem Verfahren werden nur Schneckenräder mit eingängigem Fräser hergestellt.

- **Radial-Axialwälzfräsen:** Der Wälzfräser taucht zuerst mit Radialvorschub bis zur Zustelltiefe in das Werkstück ein, dann wird mit Axialvorschub weitergefräst. Bei diesem Verfahren tritt gegenüber dem reinen Axialwälzfräsen ein verringerter Einlaufweg auf.

- **Tangential-Wälzfräsen:** Die Bewegung des Wälzfräsers erfolgt ausschließlich tangential zur Werkradachse. Diese Methode wird nur bei der Schneckenradfertigung mit ein- oder mehrgängigem Fräser angewandt.

- **Diagonal-Wälzfräsen (Kombination von Radial-, Axial- und Tangential-Wälzfräsen):** Der Wälzfräser wird zusätzlich zum Axialvorschub tangential zum Werkrad verschoben, was eine bestimmte Mindestlänge des Fräsers voraussetzt. Dadurch erreicht man eine bessere Fräserausnutzung und eine Verlängerung der Fräserstandzeit. Das Diagonal-Wälzfräsen ist ein schnelles, aber nicht sehr genaues Verfahren.

Zur Standzeiterhöhung von Wälzfräsern wird an Wälzfräsmaschinen in der Regel eine Fräserverschiebung (Shiften) durchgeführt, damit unbenutzte Zähne in die Profilierzone und weniger benutzte Zähne in die Vorschneidzone kommen. Als Voraussetzungen für die Anwendung des Shiftens muss die nutzbare Fräserlänge größer sein als die Länge des Fräserarbeitsbereichs und in der Maschine muss der vorhandene Tangentialweg für eine Fräserverschiebung ausreichen. Das Prinzip für eine schrittweise Fräserverschiebung als eine mögliche Shiftstrategie ist auf **Bild 3-14** dargestellt.

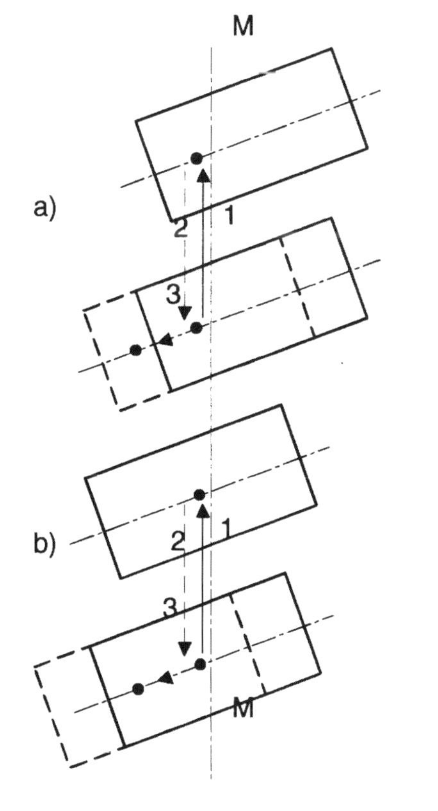

a), b) zwei aufeinanderfolgende Arbeitslagen des Fräsers

M - M Maschinenmitte

1 Axialvorschub

2 Axialeilrücklauf

3 Verschiebeschritt des Fräsers

Bild 3-14: Shiften /HOE-89/

Das Bild zeigt unter a) den Wälzfräser in der Ausgangsstellung; die Bearbeitung erfolgt mit Axialvorschub 1, wonach der Fräser im Eilgang 2 in die Ausgangsstellung zurückfährt. Dieser Zyklus wiederholt sich, bis an den meistbeanspruchten Fräserzähnen die zulässige Verschleißmarkenbreite erreicht ist. Dann erfolgt eine Wälzfräserverschiebung in Richtung der Wälzfräserachse, damit unbenutzte Zähne in die Profilierzone und weniger benutzte Zähne in die Vorschneidzone kommen. In der neuen Arbeitslage b) fräst das Werkzeug erneut die bis zur Verschleißgröße mögliche Anzahl von Werkstücken.

Wälzfräsmaschinen

Moderne numerisch gesteuerte Wälzfräsmaschinen benötigen in der Grundausstattung zum Einsatz in der Massenproduktion mindestens fünf numerisch gesteuerte Achsen. Folgende Achsbewegungen sind notwendig:

- Wälzbewegung des Tisches bzw. des Werkstücks
- Wälzbewegung des Werkzeugs (Schnittbewegung)
- Axialbewegung des Werkzeugs
- Radialbewegung des Werkzeugs
- Tangentialbewegung des Werkzeugs (Shiften)

Die beiden Wälzbewegungen und die Axialbewegung des Werkzeuges sind bei modernen Maschinen durch ein elektronisches Getriebe miteinander gekoppelt. Wird höhere Flexibilität gefordert, sollen also unterschiedliche Werkstücke gefräst werden, kommt in der Regel als sechste Achse die Fräserschwenkbewegung hinzu.

Spielfreie Antriebe sind eine wichtige Grundvoraussetzung für die Herstellung von Verzahnungen mit hoher Qualität. Um die Spielfreiheit sicherzustellen, gehen die Hersteller von Wälzfräsmaschinen unterschiedliche Wege. So sind nebeneinander Duplexschneckenantriebe, Doppelschneckenantriebe, verspannte Zylinderradantriebe und Antriebe mit Hypoidrädern im Einsatz. Die Zukunft gehört aber sicher den Direktantrieben, die darüber hinaus noch hohe Drehzahlen erlauben und damit auch für andere Technologien wie z.B. Schleifmaschinen einsetzbar sind.

Werkzeuge

Es gibt unterschiedliche Bauarten von Wälzfräswerkzeugen. Nachfolgend werden die wichtigsten Grundbauformen beschrieben.

- **Blockwälzfräser:** so genannte Block- oder Vollstahlwälzfräser werden hinterdreht oder hinterschliffen ausgeführt. Sie haben meist kleinere Außendurchmesser als zusammengesetzte Fräser; deshalb sind mit ihnen höhere Fräserdrehzahlen und kleinere Einlaufwege realisierbar. Dies führt wiederum zu kürzeren Fräszeiten. Der Nachteil liegt in der geringeren Stollenzahl.

- **Kippstollenfräser:** Bei dieser Ausführung werden Schneidstollen in Grundkörper eingesetzt. Die Stollen werden in entsprechenden Aufnahmevorrichtungen ohne Hinterschliff als Gewinde geschliffen und im Grundkörper in gekippter Lage aufgenommen. Dadurch entfällt der Hinterschliff, und es wird eine große Nutzlänge der Fräserstollen erreicht. Die Stollenfräser werden mit großen Stollenzahlen ausgebildet; dadurch wird das Profil am Werkstück aus einer größeren Zahl von Hüllschnitten gebildet.

- **Messerschienenfräser:** Für größere Module (über m = 10 mm) werden in Grundkörper mit Stützzähnen Messerschienen aus HSS eingesetzt. Die Spannuten sind wie beim Stollenfräser achsparallel. Außendurchmesser dieser Fräser können kleiner sein als bei Stollenfräsern gleichen Moduls, da die Schienen nicht nur im Grundkörper gehalten, sondern durch Zähne des Grundkörpers gestützt werden. Deshalb sind Messerschienenfräser bis auf wenige Millimeter nutzbar.

Eine wichtige Kenngröße bei Wälzfräsern ist der Spanwinkel. Er kann null Grad betragen aber auch positiv oder negativ ausgeführt sein. Der positive Spanwinkel fördert den Spanablauf, schwächt aber den Schneidkeil. Negative Spanwinkel erhöhen die Werkzeugsteifigkeit und werden meist in der Hartbearbeitung eingesetzt. Zur Erhöhung der Zerspanleistung werden häufig mehrgängige Wälzfräser verwendet, die bei höheren Wälzgeschwindigkeiten das Zerspanvolumen entsprechend erhöhen.

In der praktischen Anwendung überwiegt der Wälzfräser aus Schnellarbeitsstahl, der zur Erhöhung der Standzeit mit Titannitrid (TiN), Titancarbonitrid (TiCN) oder Titanaluminiumnitrid (TiAlN) ein- oder mehrlagig beschichtet ist. Mit dem ersten Nachschliff wird auch die Beschichtung der Spanfläche entfernt. Aber auch die so nachgeschärften Werkzeuge haben noch eine höhere Standzeit als unbeschichtete, wenn sie auch deutlich hinter den vollbeschichteten zurückbleiben.

Seit Mitte der neunziger Jahre haben beim Wälzfräsen die Verwendung von Hartmetallwerkzeugen und die Trockenbearbeitung stark an Bedeutung gewonnen. Hartmetallfräser werden üblicherweise mit kleinen Durchmessern und hohen Drehzahlen in der Massenproduktion eingesetzt und haben deutlich zur Produktivitätssteigerung des Wälzfräsens geführt. Sie werden ebenfalls beschichtet eingesetzt.

Wegen der hohen Werkzeugkosten und des Bruchrisikos von Hartmetall werden in jüngster Zeit wieder vermehrt beschichtete Wälzfräser aus pulvermetallurgisch hergestelltem Schnellstahl auch für die Trockenbearbeitung eingesetzt. Auch neue Beschichtungen mit dem Ziel der Standzeiterhöhung werden untersucht, wobei die Titan-Basis zum Teil durch andere Materialien wie z.B. Chrom ersetzt wird. Die gesamten Werkzeugkosten werden optimiert durch ausgefeilte Strategien der Werkzeugbe- und -entschichtung beim Nachschärfprozess.

3.3.2 Wälzstoßen/Formstoßen

Neben dem Wälzfräsen ist das Wälzstoßverfahren in der Weichvorbearbeitung von Zahnrädern das zweitwichtigste Verzahnverfahren. Das Wälzstoßen wird vorwiegend eingesetzt an Innenverzahnungen und an Werkstücken, bei denen der axiale Freiraum, den das Wälzfräsen erfordert, nicht vorhanden ist. Ein verfahrensbedingter Nachteil des Wälzstoßens besteht darin, dass beim Rückhub des Werkzeugs keine Spanabnahme stattfindet und dass während dieser Rückhubbewegung das Werkzeug vom Werkstück um einen geringen Betrag abgehoben werden muss, um ein Streifen am Werkstück zu vermeiden. Diese Abhebung erfolgt synchronisiert mit der Hubbewegung und wird fast durchweg über den so genannten Abhebenocken realisiert. Die Synchronisation der Abhebe- mit der Hubbewegung erfolgt mechanisch oder elektronisch. Zur Reduzierung der Verlustzeit während der Rückhubbewegung wurden mehrfach Konzeptionen realisiert, die den Rückhub beschleunigt ausführen und so die Zeit für einen Doppelhub verkürzen.

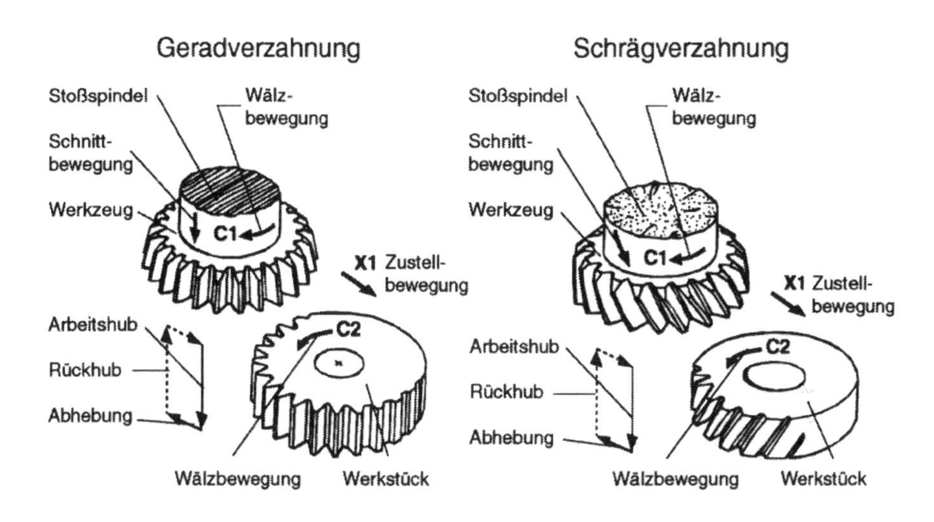

Bild 3-15: Arbeitsprinzip Geradverzahnung/Schrägverzahnung /FEL-87/

Die prinzipielle Kinematik des Wälzstoßprozesses ist im **Bild 3-15** für die Herstellung einer Gerad- und einer Schrägverzahnung dargestellt. Das Werkrad wird von einem zahnradförmigen Schneidrad im Hüllschnittverfahren erzeugt.

Die Anordnung von Werkrad und Schneidrad während des Zerspanprozesses entspricht der Radpaarung eines Stirnradgetriebes. Die kontinuierliche Wälzbewegung von Werkzeug und Werkrad erfolgt bei konventionellen Maschinen durch einen von einem gemeinsamen Antrieb getriebenen mechanischen Getriebezug oder bei modernen CNC-Wälzstoßmaschinen durch die elektronische Kopplung zweier getrennter Achsantriebe. Die Hublänge wird relativ zur Verzahnbreite mit einem Übermaß von 10 bis 15 % eingestellt. Neben der Hubbewegung mit zwischengeschalteter Abhebebewegung und den beiden Wälzbewegungen benötigt der Prozess auch eine radiale Zustellbewegung, um das Werkstück bis auf Zahntiefe auszuschneiden. Soll eine Schrägverzahnung herstellt werden, muss während der Hubbewegung entsprechend dem Schrägungswinkel eine periodische Zusatzdrehung zur Wälzbewegung überlagert werden. Dies geschieht in der Massenproduktion durch eine mechanische Zwangsführung, die so genannte Schraubenführung. Im Zusammenhang mit dem Einsatz von Direktantrieben für Achsbewegungen werden für die Fertigung kleinerer Lose auch immer wieder Lösungen eingesetzt, bei denen der Schrägungswinkel im CNC-Programm programmiert und automatisch verstellt werden kann. Der Gewinn an Flexibilität muss jedoch durch Einbußen bei anderen Kenngrößen wie z.B. maximaler Hubzahl erkauft werden. Unabhängig von der technischen Lösung der Schrägungswinkelverstellung müssen die Zähne des Schneidrades einen entsprechenden Schrägungswinkel aufweisen.

Bei der Herstellung von Außenverzahnungen durch Wälzstoßen sind sowohl Werkzeug als auch Werkstück außen verzahnt. Dies bedeutet, dass die Überdeckung relativ gering und die Gefahr einer Kollision beim Rückhub des Schneidrades gering ist. Bei Innenverzahnungen wird mit einem außen verzahnten Schneidrad ein innen verzahntes Werkstück geschnitten. Dadurch wird der Überdeckungsgrad höher, die Gefahr von Kollisionen steigt. Um dieser Situation entgegenzuwirken, kann die Werkzeug- oder Werkstückachse seitlich versetzt und damit der Abhebewinkel verändert werden. Diese Maßnahme verringert die Gefahr des Rückhubstreifens.

Auch beim Wälzstoßen haben sich für verschiedene Anwendungsfälle Zustellverfahren etabliert, die sich auf die Standzeit der Werkzeuge bzw. die Produktivität des Verfahrens unterschiedlich auswirken. Die wesentlichen Wälzverfahren sind im **Bild 3-16** gegenübergestellt. Bei den konventionellen Verfahren „Tauchen mit Wälzen“ und „Tauchen ohne Wälzen“ wird die radiale Endlage des Werkzeugs über einen kurzen Wälzwinkel oder völlig ohne Wälzen von Werkstück und Werkzeug erreicht. Nach Erreichen dieser Endlage werden die Zahnlücken über einen Rundgang von 360° ausgewälzt.

Im Gegensatz zu diesen konventionellen Verfahren arbeiten die Verfahren mit Spiralzustellung mit geringeren Radialvorschüben und mit erheblich höheren Wälzvorschüben. Dies führt dazu, dass in der Regel das Erreichen der radialen Endstellung des Werkzeugs über mehrere Werkstückumdrehungen erfolgt. Das anschließend ebenso notwendige Auswälzen über 360 ° benötigt wegen des höheren Wälzvorschubs nur relativ geringe Zeit. Die Verfahren mit Spiralzustellung führen zu einem geänderten Werkzeugverschleiß. Während bei konventionellen Verfahren der Freiflächenverschleiß überwiegt – was zu weniger konstanter Werkstückqualität führt – tritt bei den Spiralverfahren vorwiegend Kolkverschleiß auf. Dies kann bei Spiralverfahren zu höheren Standzeiten und gegebenenfalls zu kürzeren Hauptzeiten führen. Wegen der höheren Wälzvorschübe besteht bei Spiralzustellung andererseits eine höhere Kollisionsgefahr. Aus diesem Grunde werden bei Innenverzahnungen nach wie vor häufig die Tauchverfahren eingesetzt. Das Spiralverfahren mit degressivem Radialvorschub hat eine gleichmäßigere Belastung des Werkzeugs über den gesamten Prozess zur Folge.

Konventionelle Verfahren

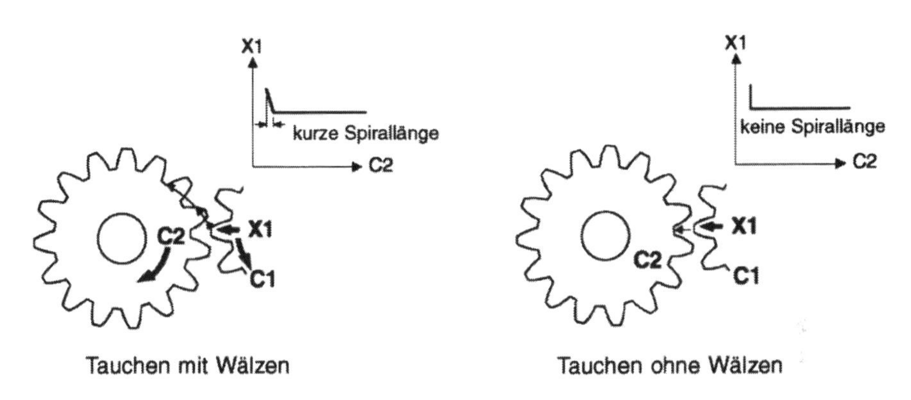

Verfahren mit Spiralzustellung

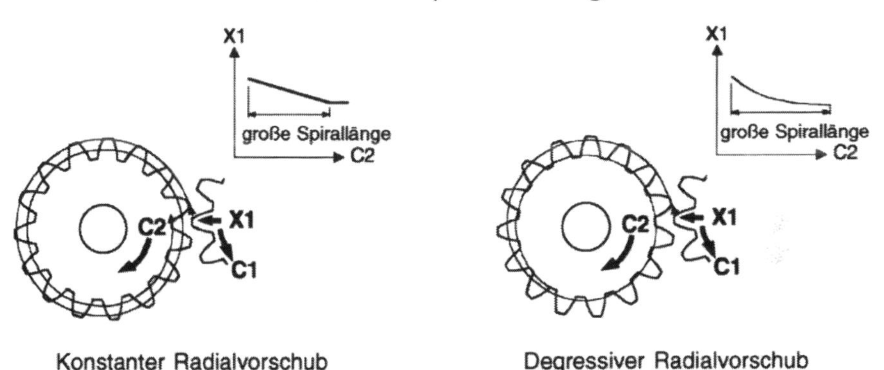

Bild 3-16: Zustellverfahren /LOR-96/

Neben der geringeren Produktivität von Wälzstoßmaschinen gegenüber Wälzfräsmaschinen besteht ein weiterer Nachteil in der Flexibilität hinsichtlich der Möglichkeit, den Schrägungswinkel zu variieren. Zur Herstellung eines schräg verzahnten Zahnrades erfolgt die Auslegung des Werkzeugs im Zusammenhang mit der Auslegung der Schraubenführung, die über die Hubbewegung der Hubspindel eine Zusatzdrehung verleiht, die die Wälzbewegung überlagert. Um verschiedene Schrägungswinkel mit derselben Schraubenführung herstellen zu können, kann das Schneidrad in der Zähnezahl verändert werden oder mit bestimmten Korrekturen versehen werden. Bei stärkeren Veränderungen des Schrägungswinkels ist jedoch ein Austausch der Schraubenführung in der Maschine unumgänglich, es sei denn, die Maschine ist mit einer verstellbaren Führung – wie oben beschrieben – ausgestattet.

Wälzstoßmaschinen

Wie bereits ausgeführt, erfordert der Aufbau einer Wälzstoßmaschine die Kopplung der Wälzbewegungen von Werkzeug und Werkstück. Anders als beim Wälzfräsen ist jedoch die eigentliche Schnittbewegung kein Teil dieser Kopplung. Beim Wälzstoßen wird die Hub- oder Arbeitsbewegung entweder über einen mechanischen Kurbeltrieb, dessen Exzentrizität für die Herstellung verschieden breiter Zahnräder verstellbar sein muss, oder über einen hydraulischen Antrieb realisiert. Die Hubzahl ist ein produktivitätsbestimmender Parameter, ist jedoch bei Kurbeltrieben durch die eingestellte Exzentrizität begrenzt. Für kleinere Hublängen bis 16 mm werden heute Maschinen bis max. 3000 Doppelhüben pro Minute angeboten /FEL-95/.

Auf Wälzstoßmaschinen werden Zahnräder bis zu Werkstückgrößen von 1,5 Metern Durchmesser hergestellt. Für die Produktion größerer Räder und von Rädern mit großer Verzahnbreite werden auch Maschinen mit speziellen hydraulischen Stoßeinheiten gebaut.

Massenproduktionsmaschinen, die nicht umgerüstet werden müssen, benötigen in der CNC-Version vier numerisch gesteuerte Achsen. Folgende Bewegungen müssen realisiert werden:

- Wälzbewegung des Tisches bzw. des Werkstücks
- Wälzbewegung der Spindel bzw. des Werkzeuges
- Hubantrieb (Schnittbewegung)
- Radialbewegung

Verschiedentlich wird auch der Antrieb des Abhebenockens CNC-gesteuert ausgeführt, ohne dass die Zwangsführung der Abhebebewegung durch den Nocken selbst dadurch beeinflusst wird. Auch bei Einzweck-Wälzstoßmaschinen gibt es über die erwähnten CNC-Funktionen hinaus weitere manuell betätigte Rüst- oder Einstellfunktionen.

Hier sind insbesondere zu nennen:

- Verstellung der Hublage zum Ausgleich des Schneidradabschliffs
- Verstellung der Hublänge zur Einstellung unterschiedlicher Verzahnbreiten
- Ständerseitverschiebung zur Veränderung des Abhebewinkels
- Spindelneigungsverstellung zur Gewährleistung der Parallelität von Tisch- und Spindelachse
- Ständer- oder Tischschwenkung zur Herstellung konischer Verzahnungen

Bei Maschinen, die wegen häufigerer Umrüstung flexibler ausgestattet werden sollen, können die oben genannten Einstellfunktionen auch optional CNC-gesteuert ausgeführt werden. Der numerisch gesteuerten Hublagenverstellung kommt dabei für die Flexibilität der Wälzstoßmaschine eine besondere Bedeutung zu. Ist sie lediglich als „Spindelverlängerung“ mit kleinem Verstellbetrag ausgeführt, wird in der Regel nur der Schneidradnachschliff kompensiert. Wegen der begrenzten Auskraglänge der Stoßspindel aus dem Stoßkopf reduziert die Verstellung der Hublage in diesem Fall gleichzeitig den maximal möglichen Verstellbetrag für die Hublängenverstellung. Kommt dagegen als konstruktive Realisierung der Hublagenverstellung ein Stoßkopfschlitten zur Anwendung, entfällt die gegenseitige Abhängigkeit von Hublage- und Hublängeverstellung. Deshalb lassen sich auf Stoßmaschinen mit Stoßkopfschlitten auch Werkstücke mit mehreren Verzahnungen in einer Aufspannung leicht herstellen. Auch die Kombination wälzbarer und nicht wälzbarer Profile ist dann ohne weiteres realisierbar. Der Vorrichtungsaufwand für die Werkstückaufspannung wird geringer, die Fertigungsqualität steigt, da nicht umgespannt werden muss.

Abgesehen von den weiter oben genannten Einschränkungen ist die Wälzstoßmaschine für sehr unterschiedliche Anwendungsfälle geeignet. Sie dient gleichermaßen zur Herstellung von Außen- und Innenverzahnungen, hierzu muss allerdings bei größeren Maschinen die Abheberichtung umgestellt werden. Bei kleineren Maschinen werden Innenverzahnungen normalerweise mit „negativem Achsabstand“ gestoßen, so dass eine Umkehr der Abheberichtung entfällt.

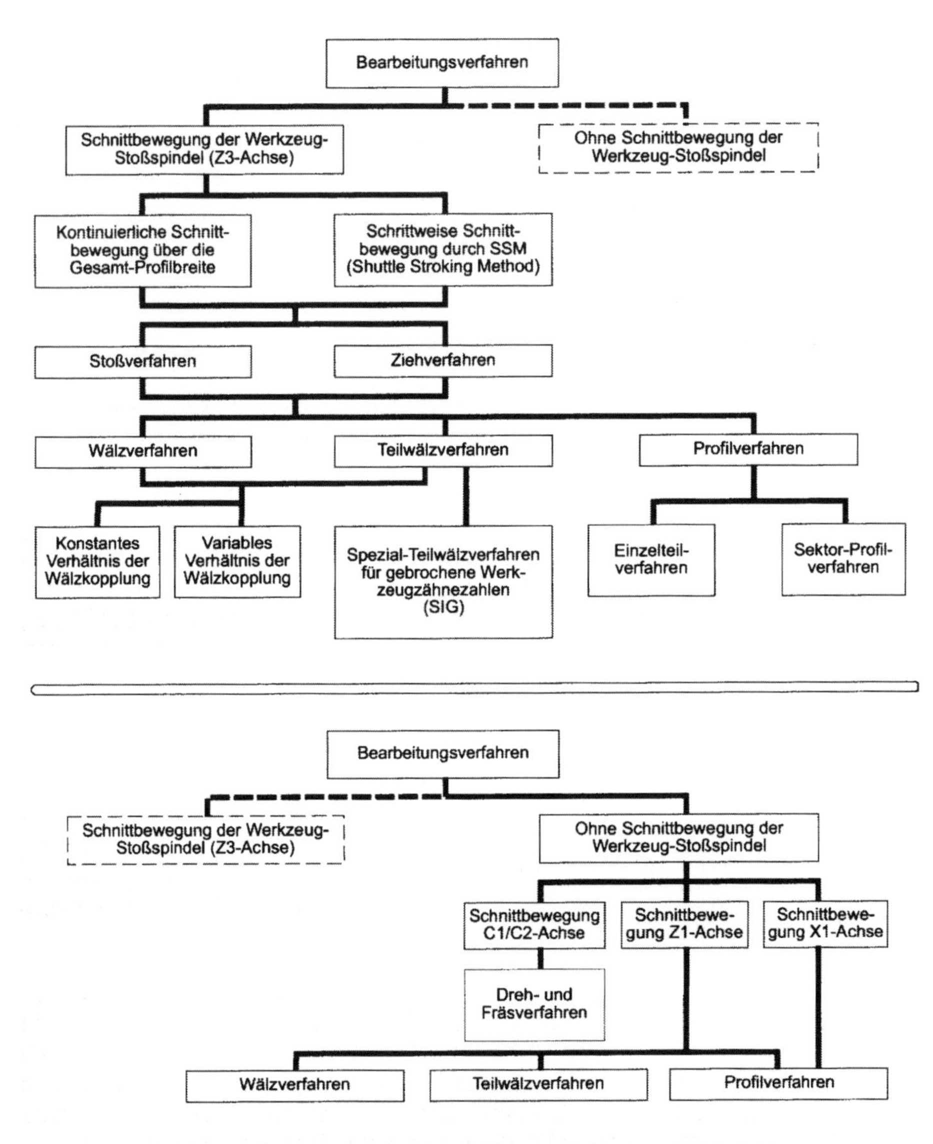

Bild 3-17: Übersicht über Verfahrensvarianten /KRA-96/

Eine systematische Zusammenstellung der Verfahrensmöglichkeiten auf Wälzstoßmaschinen ist auf **Bild 3-17** gezeigt. Dabei werden zwei Verfahrensgruppen unterschieden abhängig davon, ob die Stoßspindel eine Hubbewegung ausführt oder nicht. Bei oszillierender Spindel lässt sich ein Werkstück in einem Hub stoßen oder die Verzahnbreite in mehrere Teillängen aufteilen. Je nach den geometrischen Bedingungen am Werkstück kann gestoßen oder bei umgekehrter Arbeitsrichtung gezogen werden. Neben den Wälzverfahren können auf derselben Maschine auch Form- oder Profilverfahren realisiert werden, mit denen abhängig von der Werkzeugkontur fast beliebige Formen erzeugt werden. Bei still stehender Spindel wird diese als Werkzeugträger oder sogar als Werkzeugwechsler benützt. Je nach Zuordnung der Arbeitsrichtung lassen sich nahezu beliebige Zerspanprozesse bis hin zur Drehbearbeitung durchführen Solche Operationen sind allerdings nur zur Komplettbearbeitung sinnvoll, weil die Leistungsfähigkeit von Spezialmaschinen auf der Wälzstoßmaschine in der Regel nicht erreicht wird. Die Universalität einer Wälzstoßmaschine drückt sich auch darin aus, dass mit Hilfe einer Zusatzeinrichtung Kronräder, also Planverzahnungen hergestellt werden können.

Eine weitere Möglichkeit, Wälzstoßmaschinen zu nutzen, ist die Herstellung unrunder Zahnräder, wie sie für ungleichförmige Bewegungen zur Anwendung kommen. Hierfür wird das Übersetzungsverhältnis von Wälzbewegung des Werkzeuges zu Wälzbewegung des Werkstücks nicht konstant gehalten, sondern über dem Wälzwinkel permanent verändert, das Übersetzungsverhältnis des elektronischen Getriebes also ständig variiert.

Werkzeuge

In **Bild 3-18** sind typische Schneidradformen dargestellt. Das Standardschneidrad ist das Scheibenschneidrad. Es kann nach Standzeitende nachgeschliffen und nach einem Nachschliffvorgang wieder eingesetzt werden, wobei bis zu zwanzig Nachschliffe möglich sind. Abhängig von der jeweiligen Werkstückgeometrie kommen auch andere Formen wie Glockenschneidräder, Hohlschneidräder oder Schaftschneidräder zur Anwendung.

Schneidräder der oben gezeigten Art werden nahezu ausschließlich aus HSS-Schneidstoffen hergestellt und beschichtet eingesetzt. Mit dem ersten Nachschliff wird auch die Beschichtung der Spanfläche beseitigt. Der durch die Beschichtung angestrebte Standzeitgewinn gegenüber unbeschichteten Werkzeugen reduziert sich dadurch erheblich. Deshalb wurden verschiedene Strategien entwickelt, um die Werkzeuge erneut einzusetzen (**Bild 3-19**).

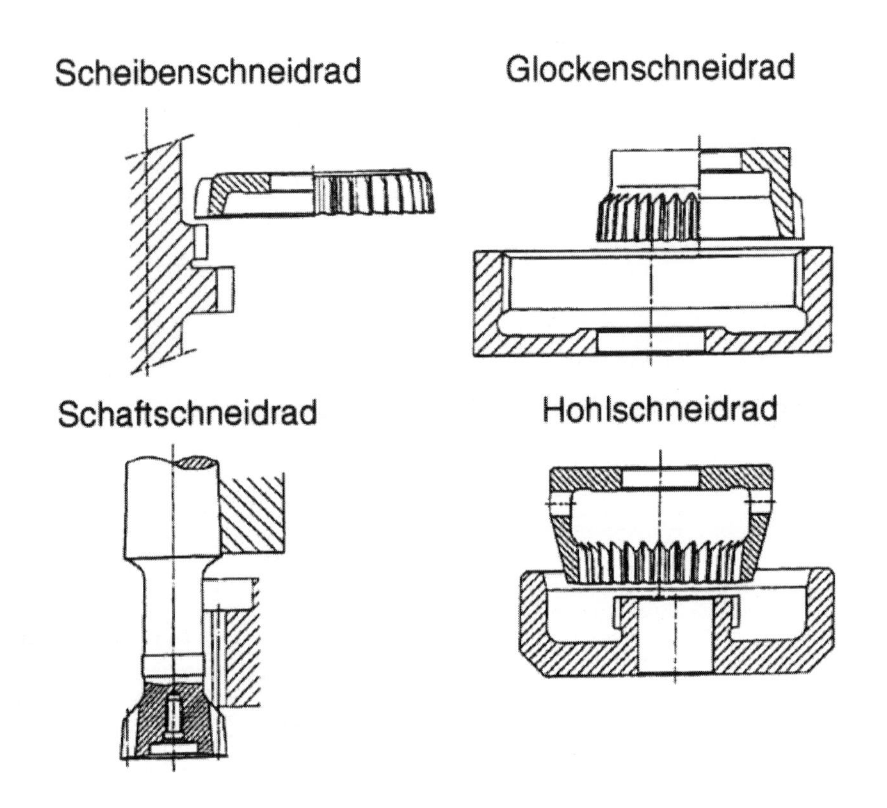

Bild 3-18: Wälzstoßwerkzeuge /LOR-77/

Um immer mit voll beschichteten Werkzeugen arbeiten zu können, andererseits die oben beschriebenen Nachteile nach Möglichkeit zu vermeiden, wurden „Wafer"-Werkzeuge entwickelt. Bei diesem Werkzeug wird eine etwa 1 mm starke verzahnte Werkzeugscheibe in eine ebenfalls verzahnte Aufnahme gespannt. Nach Standzeitende wird die Scheibe durch eine neue voll beschichtete ersetzt. Welches der oben genannten Konzepte zum Einsatz kommt, hängt jeweils von unterschiedlichen Randbedingungen in den Anwenderfirmen und darauf aufgebauten Wirtschaftlichkeitsbetrachtungen ab.

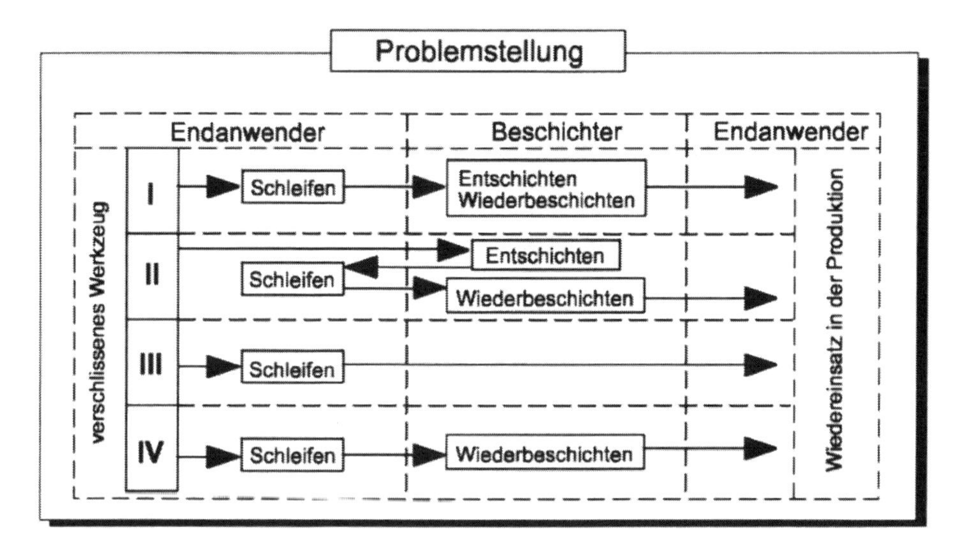

Bild 3-19: Strategien zur Werkzeugaufbereitung

Auch Wälzstoßwerkzeuge werden heute praktisch nur noch beschichtet eingesetzt. Für die Arten von Beschichtungen gelten sinngemäß die Ausführungen im Kapitel „Wälzfräsen", doch sind die für das Stoßen gefundenen Optimalwerte mit denen beim Wälzfräsen häufig nicht identisch, weil die Stoßbeanspruchung des Werkzeugs andere Einflüsse auf die Haltbarkeit von Werkzeug und Beschichtung ausübt.

3.3.3 Wälzhobeln

Das Wälzhobeln kann man sich als Abrollen eines Stirnrades auf einer Zahnstange vorstellen. Die Verwandtschaft zum Wälzstoßen zeigt sich darin, dass das Hobelwerkzeug auch als Stoßrad mit Durchmesser ∞ interpretiert werden kann. Die Zähne des Werkrades werden durch den in Zahnrichtung auf- und ab bewegten Hobelkamm erzeugt. Während der Eingriffszeit des Werkzeuges findet im Gegensatz zum Wälzstoßen keine Drehbewegung des Werkstücks statt. Im Leerhubbereich oberhalb des Werkrades erfolgt die Wälzbewegung. Es handelt sich also beim Wälzhobeln um ein nicht kontinuierliches Wälzverfahren.

Die Evolventenform der Zahnflanken entsteht durch Hüllschnitte der oszillierenden geradflankigen Werkzeugschneide. Der Hobelkamm besitzt in der Regel weniger Zähne als das Werkrad, so dass zur Herstellung eines Werkstücks mehrmals über die aktive Länge des Hobelkamms gewälzt werden muss. Dazu wird das Werkrad außer Eingriff gebracht, in die ursprüngliche Position zurückgeführt, weitergeteilt und zum Herstellen der nächsten Zahngruppe zugestellt.

Bild 3-20 zeigt die prinzipielle Anordnung von Werkstück und Werkzeug für die Herstellung von Gerad- und Schrägstirnrädern mit Hilfe des Wälzhobelns. Man erkennt, dass außer den gerade verzahnten auch schräg verzahnte Hobelkämme zum Einsatz kommen. Der Werkzeugaustausch an Hobelmaschinen ist verhältnismäßig einfach, so dass bei großem Verschleiß ein Hobelkamm auch innerhalb der Bearbeitung eines Werkstücks ohne Qualitätseinbußen ausgewechselt werden kann. Aus diesem Grund werden Hobelmaschinen vorzugsweise bei der Produktion großer Räder mit großen Radbreiten eingesetzt, weil dort die Standzeit von Schneidrädern oft nicht für die Bearbeitung eines Werkstücks ausreicht.

Schrägstirnräder mit schmaler Auslaufnut oder zu kurzem Auslaufweg für einen normalen Hobelkamm werden entweder mit einem Einzahnwerkzeug oder mit einem Schräghobelkamm verzahnt. Hierdurch verkürzt sich beim Hobeln von Rädern mit großem Schrägungswinkel der Werkzeughub und damit die Hobelzeit. Um den Schräghobelkamm stets horizontal im Stößel einspannen zu können, wird eine so genannte Drehklappe eingesetzt.

Für das Wälzhobeln spricht eine Reihe von Vorteilen. Es kommt ein einfaches geradflankiges Werkzeug zum Einsatz, mit dem sowohl Gerad- als auch Schrägverzahnungen hergestellt werden können. Zur Herstellung von Schrägverzahnungen genügt es, wenn die Hobeleinheit – und damit die Hobelrichtung – um den Schrägungswinkel geneigt wird. Die Wälzbewegung und die Schnittbewegung sind getrennt, das Verfahren eignet sich für große Räder und Module bei nahezu beliebig großer Hublänge. Die erzielbare Genauigkeit in Zahnrichtung ist sehr hoch. Nachteile des Verfahrens bestehen darin, dass keine Innenverzahnungen hergestellt werden können und dass es für die Massenproduktion kleiner Werkstücke zu langsam ist.

Trotz unbestreitbarer Vorzüge werden Wälzhobelmaschinen nicht mehr produziert. Die noch im Markt befindlichen Wälzhobelmaschinen sind alle konventioneller Bauart, realisieren also die Wälzkopplung zwischen Tischdrehung und Tischverschiebung mit Hilfe von mechanischen Getriebezügen. Numerisch gesteuerte Wälzhobelmaschinen wurden nie gebaut.

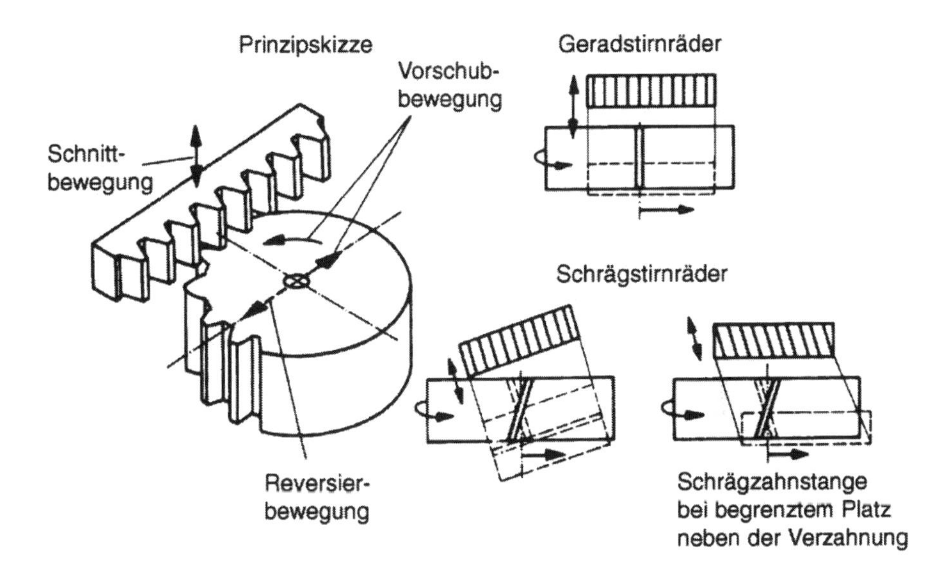

Bild 3-20: Prinzip des Wälzhobelns /WEC-88/

3.3.4 Wälzschälen

Vergleicht man die Kinematik des Wälzfräsverfahrens mit der eines Schneckentriebs und die Kinematik des Wälzstoßens mit einem Stirntrieb, so kann man analog die Kinematik des Wälzschälverfahrens mit der eines Schraubradgetriebes mit gekreuzten Achsen vergleichen. Mit dem Wälzschälverfahren sind Zylinderräder mit Außen- oder Innenverzahnung und Schnecken herstellbar.

Die Kinematik des Wälzschälens geht aus **Bild 3-21** hervor und kann ausgehend von der Kinematik des Wälzstoßens folgendermaßen beschrieben werden. Wird der Kreuzungswinkel zwischen Schneidrad und Werkrad, der beim Wälzstoßen 0° beträt, vergrößert, dann wird die Wälzbewegung zur Schraubwälzbewegung. Mit einer weiteren Vergrößerung des Kreuzungswinkels nimmt der Schraubungsanteil zu und der Wälzanteil ab. Der Schraubungsanteil bewirkt eine Bewegungskomponente der Schneidradschneiden in Richtung der Zahnflanken des Werkstücks. Bei genügend großem Achskreuzwinkel reicht die Schnittgeschwindigkeit zur Spanabnahme aus, ohne dass das Werkzeug wie bei der Wälzstoßmaschine eine Hubbewegung durchführt. Das Wälzschälen ist also ein kontinuierliches Herstellungsverfahren. Zur Bearbeitung der ganzen Zahnradbreite wird der Schälraddrehung ein Axialvorschub in Richtung der Werkstückachse überlagert.

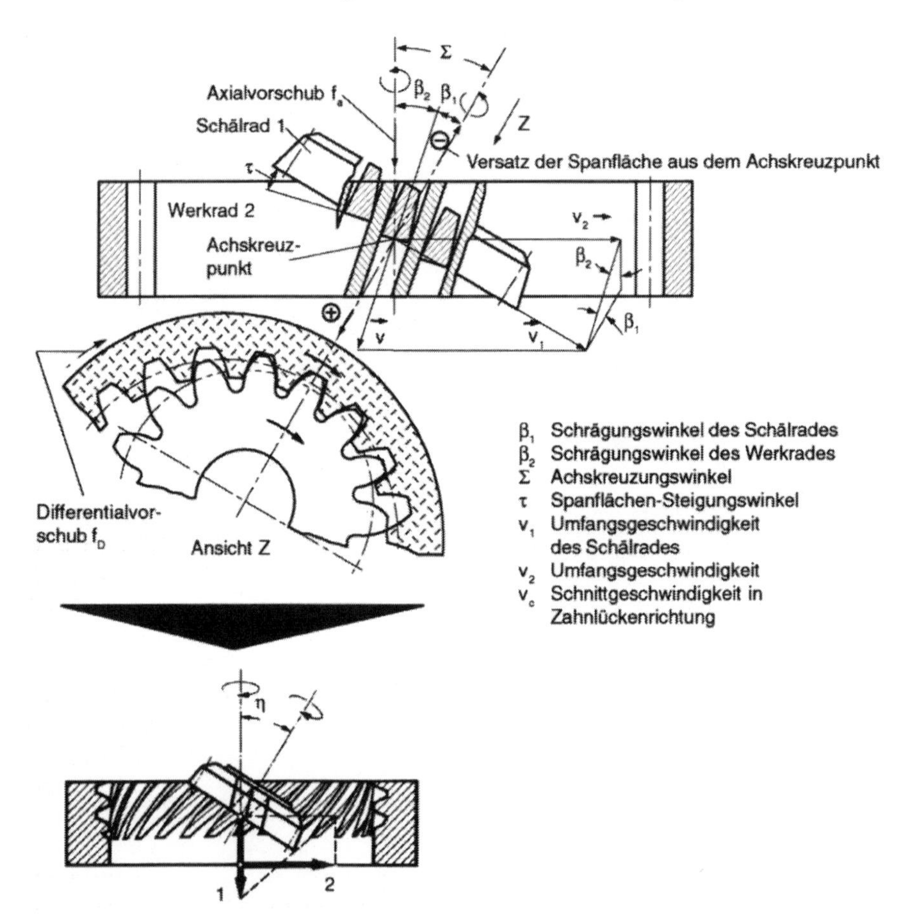

Bild 3-21: Wälzschälen einer Innenverzahnung /PFA-76//KOE-84/

Maschinen

Die Wälzschälmaschine ist im Prinzip ähnlich aufgebaut wie eine vergleichbare Wälzfräsmaschine, lediglich der Fräskopf wird durch einen Schälkopf ersetzt. Versteht man das Wälzschälverfahren kinematisch als Verfahren zwischen Wälzfräsen und Wälzstoßen, so kann man das Schälwerkzeug auch als Wälzfräser interpretieren, dessen Gangzahl der Zähnezahl des

Schälrades entspricht und das pro Gang nur einen Zahn besitzt. Die Zähnezahl des Schälrades ist naturgemäß größer als die Gangzahl eines Wälzfräsers. Die Schälmaschine braucht daher eine viel kleinere Übersetzung zwischen Werkzeugspindel und Werkstücktisch. Dies führt dazu, dass an den Wälzgetriebezug der Schälmaschine erheblich höhere Genauigkeitsanforderungen gestellt werden müssen als bei einer Wälzfräsmaschine. Die Drehzahl des Werkstücktisches muss deutlich höher liegen als bei Wälzfräs- und bei Wälzstoßmaschinen. Da ein Schälrad zur Bearbeitung von Innenverzahnungen am Spindelkopf fliegend gelagert ist, kommt der Maschinensteifigkeit in diesem Bereich große Bedeutung zu.

Das Wälzschälen hat sich in der Weichbearbeitung wegen der hohen Genauigkeits- und Steifigkeitsanforderungen an Maschine und Werkzeug bisher in der industriellen Praxis nicht durchgesetzt. Die prinzipielle Leistungsfähigkeit ist jedoch dem Wälzstoßen überlegen und dem Wälzfräsen ebenbürtig. Weitere Vorteile sind, dass sowohl Außen- wie Innenverzahnungen und beliebige Schrägungswinkel herstellbar sind.

Werkzeuge

Schälwerkzeuge werden als Geradschneidräder oder als Schrägschneidräder mit Treppenschliff ausgeführt. Große Bedeutung kommt der Auslegung von Schälrädern zu. Exakte Schraubgetriebe mit Evolventenverzahnung müssen die Bedingung erfüllen, dass die Eingriffspunkte lückenlos die in der gemeinsamen Normalebene des jeweiligen momentanen Kreuzungspunktes liegende Eingriffslinie durchlaufen. Diese Bedingung wird nur dann erfüllt, wenn – z.B. beim Schälen eines Hohlrades – mit einem gerade verzahnten Schälrad ein schräg verzahntes Hohlrad erzeugt wird. Eventuell auftretende Abweichungen vom korrekten Achsabstand erzeugen zwar Zahnformfehler, doch sind diese im Allgemeinen vernachlässigbar.

Ein Schälrad mit Treppenschliff kann hingegen keine genauen Evolventen erzeugen, da die oben genannte Bedingung in diesem Fall nicht erfüllt wird. Die erzeugten Fehler müssen durch aufwendige Zahnformkorrekturen des Schälrades ausgeglichen werden. Als Bearbeitungsergebnis sind jedoch Verzahnungsqualitäten 8 oder 9 nach DIN 3962 ohne weiteres erreichbar, was den Qualitätsanforderungen der Weichvorbearbeitung durchaus entspricht.

Aktuelle Forschungsarbeiten verfolgen das Ziel, mit Hilfe moderner Antriebs- und Regelungstechnik das Potential des Weichschälens zu nutzen und dem Verfahren zum Durchbruch zu verhelfen. Ob bereits angekündigte Maschinenentwicklungen mehr sind als Speziallösungen für Einzelfälle, muss man abwarten. Es steht aber fest, dass schräg verzahnte Werkzeuge wegen ihrer komplexen Geometrie in Auslegung, Einsatz und Nachschliff nicht einfach zu beherrschen sind.

3.3.5 Räumen

Im Gegensatz zu den oben beschriebenen Verfahren Wälzfräsen, Wälzstoßen, Wälzhobeln und Wälzschälen ist Räumen kein Verfahren, das ausschließlich zur Herstellung von Zahnrädern praktiziert wird. Es ist vielmehr ein Verfahren, das außerhalb der Verzahntechnik breite Anwendung findet und in bestimmten Bereichen der Zahnradherstellung vorteilhaft angewendet werden kann.

Räumen ist ein Zerspanvorgang mit mehrzähnigen Werkzeugen. Die Schneidzähne liegen hintereinander jeweils um eine Spanungsdicke gestaffelt (siehe **Bild 3-22**). Dadurch wird die bei anderen Verfahren notwendige radiale Vorschubbewegung ersetzt. Die Schnittbewegung erfolgt in der Regel translatorisch in Werkzeugachsrichtung. Die Vorteile des Räumens liegen in der hohen Zerspanleistung. Das Spanvolumen je Werkzeugzahn ist trotz der geringen Spanungsdicken wegen der großen Spanungsbreite groß. In der Regel befinden sich mehrere Zähne gleichzeitig im Eingriff.

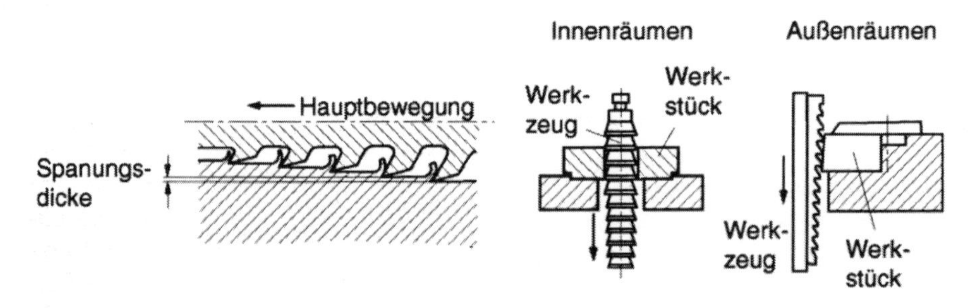

Bild 3-22: Räumen – Grundprinzip /KOE-84/

Geräumte Werkstücke erreichen hohe Qualitätsgüten und Genauigkeiten. Toleranzen von IT 7 sind ohne weiteres einhaltbar. Wegen der hohen Kosten für die Werkzeugherstellung und -aufbereitung bietet sich ein wirtschaftlicher Einsatz des Räumverfahrens jedoch nur in der Serienfertigung an. Bei jeder Änderung der Werkstückform wird ein neues Werkzeug notwendig.

Räummaschinen und Räumwerkzeuge unterscheiden sich erheblich abhängig davon, ob innen oder außen geräumt werden soll. Im Falle des Innenräumens wird das Räumwerkzeug durch die Bohrung gezogen oder gedrückt, im Falle des Außenräumens wird es an einer Außenfläche des Werkstücks vorbeigezogen oder gedrückt (siehe **Bild 3-22**). Außenräumen erfordert in der Regel aufwendigere Maschinen als Innenräumen. Das Werkstück wird beim Räumen meistens in einem einzigen Hub fertig bearbeitet.

Zur Bearbeitung wird das Werkstück in der Maschine auf einer Spannplatte befestigt. Das am so genannten Endstückhalter hängende Räumwerkzeug wird in die Werkstückbohrung eingefädelt und unterhalb des Werkstückes im Schafthalter verriegelt. Zur Bearbeitung wird das Räumwerkzeug hydraulisch oder elektromechanisch durch die Werkstückbohrung bewegt. Den letzten Teil des Räumhubes führt das Werkzeug vom Endstückhalter gelöst ohne obere Führung aus. Die Räumnadel wird hierbei aus dem Werkstück herausgezogen. Nach dem Zerspanprozess wird das Werkstück entnommen, der Schafthalter fährt mit dem Räumwerkzeug wieder nach oben, wo es im Endstückhalter verriegelt wird. Anschließend gibt der Schafthalter das untere Ende des Räumwerkzeugs wieder frei, damit dieses zur Bearbeitung des nächsten Werkstückes in Ausgangsposition gehoben werden kann. In der Massenproduktion laufen die oben geschilderten Prozessschritte einschließlich des zugehörigen Werkstückwechsels vollautomatisch ab.

Der oben beschriebene Ablauf führt zu Maschinen mit extremer Bauhöhe. Deshalb wird bei neueren Konstruktionen meistens das Hubtisch-Prinzip realisiert, bei dem das Räumwerkzeug fest steht und das Werkstück über das Werkzeug gezogen oder gedrückt wird.

Eine Variante des Innenprofilräumens ist das Zahnradräumen von evolventenverzahnten Hohlrädern. Dabei erfolgt die Bearbeitung aller Zahnlücken am Umfang gleichzeitig oder in zwei Arbeitsgängen. Wird die Bearbeitung in zwei Arbeitsgänge aufgeteilt, wird im ersten Arbeitsgang nur jede zweite Lücke geräumt, vor dem zweiten Arbeitsgang wird das Werkstück mit Hilfe einer Teilvorrichtung um eine Umfangsteilung weitergedreht. Durch diese Aufteilung des Prozesses in zwei Arbeitsgänge werden die Senkung der Werkzeugkosten und die Halbierung der Zerspankräfte erreicht.

Bild 3-23 zeigt je eine Maschine zum Vor- und Fertigräumen für die Großserienfertigung von Planetenhohlrädern. Das Vorverzahnungswerkzeug besteht aus dem Trägerkörper aus Vergütungsstahl mit angeschraubtem Schaft und Endstück. Im Trägerkörper befinden sich genau geschliffene Nuten, in denen auswechselbare Werkzeugsegmente aus hochwertigem Schneidstoff befestigt sind.

Bild 3-23: Vor- und Fertigverzahnen einer Innenverzahnung /WEC-88/

Durch die axiale Tiefenstaffelung und die großen Zerspankräfte ist die geforderte Verzahnungsqualität mit solchen Werkzeugen meist nicht direkt erreichbar. Die Werkstücke werden deshalb mit Untermaß vorgeräumt und in einem separaten Arbeitsgang mit einem Fertigräumwerkzeug fertig bearbeitet. Das Fertigräumwerkzeug besteht ebenfalls aus einzelnen Werkzeugscheiben, die im Prinzip wie Schneidräder ausgebildet sind. Durch Nachschleifen der Spanflächen kann daher ein verschlissenes Werkzeug wieder aufbereitet werden. Ist die letzte Kalibrierungsscheibe nicht mehr maßhaltig, wird am Ende eine neue Scheibe hinzugefügt und die vorderste Scheibe entfernt. Daraus ergibt sich für das dargestellte Verfahren eine sehr gute Wirtschaftlichkeit. Verhältnismäßig selten werden Außenverzahnungen durch Räumen hergestellt. Dies liegt in erster Linie an der aufwendigen Werkzeugausführung, die in einem solchen Fall häufig geteilt ausgeführt werden muss.

Ein Sonderfall der Räumverfahren ist das so genannte „Shear-Speed-Verfahren“. Die Funktionsweise des Verfahrens beruht darauf, dass in einem Messerkopf Formstähle sternförmig angeordnet sind, mit denen alle Zahnlücken gleichzeitig geschnitten werden. Es wird heute praktisch nicht mehr eingesetzt.

3.4 Weichfeinbearbeitung

3.4.1 Schaben

Das Schaben von weichen Zahnrädern ist ein kontinuierliches spanabhebendes Feinbearbeitungsverfahren mit definierter Schneidengeometrie, das vor einer nachfolgenden Wärmebehandlung angewendet wird. Die primäre Aufgabe ist es, vorhandene Abweichungen von der Evolventenform zu beseitigen und zusätzliche definierte Korrekturen in die Zahnform einzuarbeiten. Die Kinematik des Schabens ist der des Wälzschälens ähnlich. Da Schabrad und Werkrad unterschiedliche Achsrichtungen aufweisen, bilden sie ein Schraubwälzgetriebe mit einem bestimmten Achskreuzwinkel. Das Werkstück wird bei der konventionellen Bearbeitung durch das angetriebene Werkzeug mitgenommen und zwangsgeführt. Bei Eintwicklungen in jüngster Zeit wird sowohl Werkzeug als auch Werkstück angetrieben und die Drehbewegungen elektronisch synchronisiert. Dabei wird das Werkstück automatisch so positioniert, dass das Werkzeug bei voller Drehzahl in die bereits vorhandenen Zahnlücken findet. Man spricht bei dieser Orientierung vom „Einmitten“ des Werkstücks. Für solche CNC-gesteuerten Maschinen hat sich der Begriff „Power-Schaben“ eingeführt, weil mit höheren Schnittwerten gearbeitet werden kann. Kinematische Bewegungskopplungen werden auch zur Erzeugung von Korrekturen am Zahnprofil genutzt.

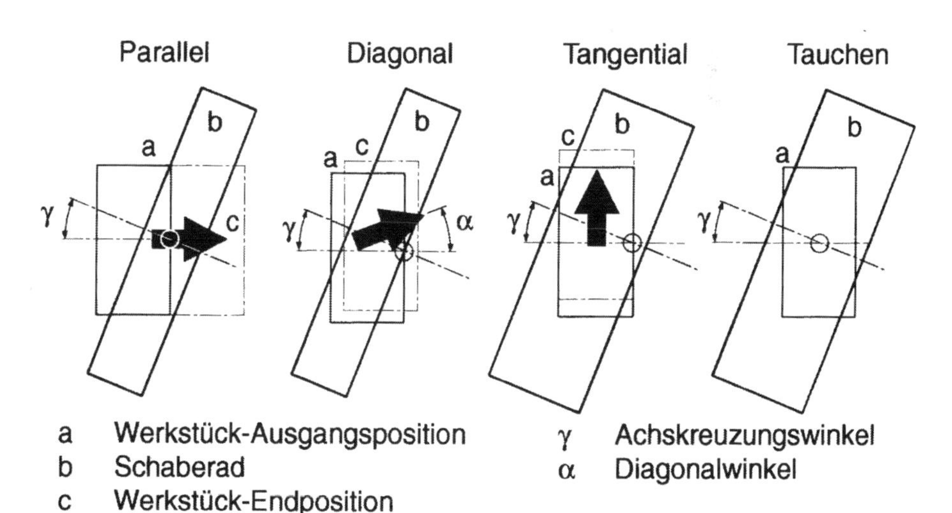

Bild 3-24: Zustellverfahren beim Weichschaben /PFA-96/

Theoretisch besteht zwischen der Schabrad- und Werkradflanke nur eine Punktberührung. Durch die radiale Anpresskraft wird diese zu einer Berührzone erweitert. Um ein Werkrad auf der gesamten Breite zu bearbeiten, muss bei einigen Verfahren ein entsprechender Vorschub erfolgen, der in der Regel durch Bewegungen des Werkstücks unter dem Schaberad realisiert wird. Je nach Richtung dieses Vorschubs unterscheidet man verschiedene Schabverfahren, wie sie in **Bild 3-24** dargestellt sind.

Beim Parallelschaben wird das Werkrad in Richtung seiner Achse verschoben; beim Diagonalschaben geschieht diese Verschiebung unter dem Diagonalwinkel α. Dies führt beim Diagonalschaben zu einem kürzeren Schabweg und zu einer kürzeren Schabzeit. Erhöht man den Diagonalwinkel auf 90°, spricht man vom Querschaben. Die kürzeste Schabzeit erhält man beim Tauchschaben, bei dem das Werkstück keine Vorschubbewegung durchführt, sondern nur der Achsabstand verkleinert wird. Voraussetzung für die Anwendung des Tauchschabens ist ein genügend breites Schabrad. In der Automobilgetriebefertigung wird wegen der dort üblichen kleinen Zahnbreiten vorwiegend das Tauchschaben eingesetzt.

Beim Schabvorgang wird der Kämmbewegung in Zahnhöhenrichtung aufgrund des Verzahnungsgesetzes eine durch die Achskreuzung verursachte Gleitbewegung in axialer Richtung überlagert, die zur Spanabnahme führt (siehe **Bild 3-25**). Die Gleitbewegung ergibt Schneidspuren von jedem Stollen eines jeden Zahns. Den zur Spanabnahme nötigen Anpressdruck zwischen den Zahnflanken bringt eine Schabmaschine durch radiales Annähern beider Räder auf.

Da das Schabrad mit dem Werkrad kinematisch ein Schraub-Wälzgetriebe bildet, müssen Modul und Eingriffswinkel beider Verzahnungen gleich, die Schrägungswinkel aber um den Achskreuzwinkel verschieden sein. Die Zähnezahl des Schabrades ist im Prinzip frei wählbar; es ist aber anzustreben, dass die Zähnezahl mit dem Werkstück keinen gemeinsamen Teiler hat, um zu vermeiden, dass Beschädigungen und Verschleiß immer die gleichen Werkstückzähne treffen. Schabräder sind Stirnräder aus Werkzeugstahl oder Schnellstahl, die Zahnflanken sind mit einer Vielzahl von Nuten als Schneidkanten versehen. Die Form der Nuten kann problemabhängig stark voneinander abweichen.

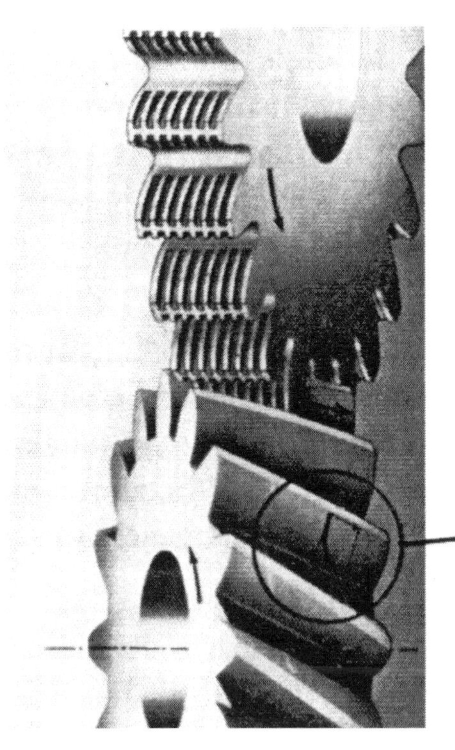

G_z Gleitbewegung in Richtung des Zahns

G_e Gleitbewegung in Richtung der Evolvente

R Resultierende Gleitbewegung (Spanabnahme beim Schaben)

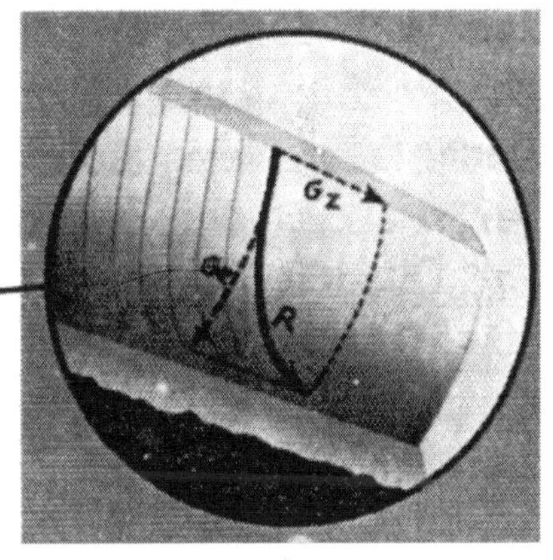

Bild 3-25: Schaben – Schnittbewegung /KOE-84/

Schabräder werden werkstückgebunden ausgelegt. Durch Korrekturen der Schabradzähne entstehen unterschiedlichste Zahnformen. Das Ende der Schabradstandzeit ist im Gegensatz zu anderen Verfahren nicht durch Verschleiß, sondern durch schlechte Vorverzahnungsqualität der Werkräder bestimmt. Für die erreichbare Qualität ist beim Weichschaben der Profilüberdeckungsgrad der achsgekreuzten Paarung Werkrad-Schabrad ein kennzeichnender Parameter. Die absolute Ergebnisbandbreite wird durch Modul m, Eingriffswinkel α, Schrägungswinkel β und die Zähnezahl bestimmt /SCH-94-1/. Zielsetzung ist jedoch immer die gute Lastverteilung während des Zweiflankenkontakts gleichzeitig in Eingriff befindlicher Schabrad- und Werkstückzähne. Um dies zu erreichen, erfolgt die Schabradauslegung rechnergestützt unter den vorgegebenen Randbedingungen. Im Allgemeinen stellt sich der Erfolg ein, wenn eine ganzzahlige Überdeckung realisiert werden kann.

4 Verfahren zur Hartbearbeitung von Stirnrädern

Eine systematische Zusammenstellung und Zuordnung aller Verzahnverfahren für Stirnräder ist in **Bild 3-1** gezeigt. Bevor nachfolgend näher auf die Gruppe der Verzahnverfahren für die Bearbeitung gehärteter Werkstücke eingegangen wird, sollen zum besseren Verständnis einige Ausführungen zu den Grundlagen der Hartbearbeitung erfolgen.

4.1 Grundlagen der Hartbearbeitung

Die Bearbeitung gehärteter Werkstoffe setzt voraus, dass das entsprechende Bauteil vorher einer Wärmebehandlung unterzogen wurde. Unter Wärmebehandlung versteht man das Austenitisieren und Abkühlen mit solcher Geschwindigkeit, dass Bereiche des Querschnittes eines Werkstückes eine Härtesteigerung durch Martensitbildung, also durch „Verspannen der Eisenatome" erfahren. Ziel einer Wärmebehandlung ist es, das Verhältnis zwischen Beanspruchbarkeit und Abmessungen des Bauteils zu verbessern. Der Wärmebehandlungsprozess führt stets zu einer Erhöhung der Härte des Materials in der Randzone eines Werkstücks. Diese Härte lässt nach, je weiter man sich dem Kern des Materials nähert. Ist eine spanende Bearbeitung des Bauteils nach dem Härten vorgesehen, muss die Spanabnahme so gering sein, dass nicht zuviel des gehärteten Materials abgespant wird. Die Härtetiefe bestimmt also die maximale Spandicke bei der Hartbearbeitung. Andererseits muss die Spandicke aber so groß sein, dass der beim Härten unvermeidliche geometrische Verzug durch die spanende Bearbeitung vollständig beseitigt wird. Neben der Beseitigung von Härteverzügen und Hüllschnittabweichungen werden immer häufiger definierte Zahnflankenkorrekturen durchgeführt. So erfordern moderne Hochleistungsgetriebe für ein bestimmtes dynamisches Verhalten oder Tragbild bewusste Profilmodifikationen. Abhängig vom Feinbearbeitungsverfahren werden solche Korrekturen als Breiten- oder Höhenballigkeit bis hin zu topologisch korrigierten Zahnflanken ausgeführt.

Wie in **Bild 4-1** dargestellt, unterscheidet man drei Gruppen von Härteverfahren:

- das Randschichthärten
- das Einsatzhärten
- die Nitrierverfahren

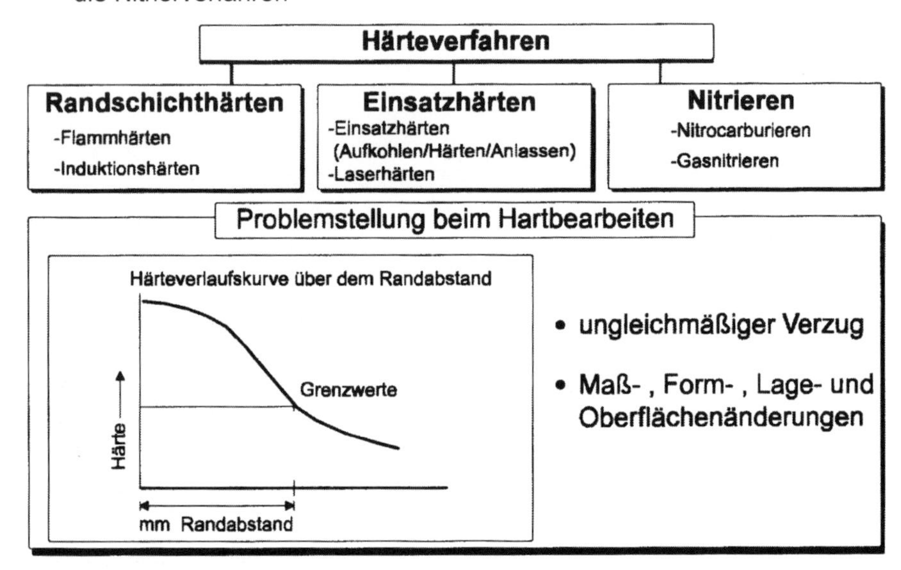

Bild 4-1: Grundlagen der Hartbearbeitung /SCH-94-2/

Der Begriff „Randschichthärten" sagt aus, dass sich der Härtevorgang nur auf die Randschicht eines Werkstückes beschränkt. Hierbei wird grundsätzlich unterschieden, ob das Austenitisieren mit einer Flamme („Flammhärten") oder mit Hilfe von Induktionsspulen („Induktionshärten") erfolgt.

Die Einsatzhärtung ist das technisch am häufigsten angewendete Verfahren zur Steigerung des Verschleißwiderstandes an einer Stahloberfläche und dies sowohl in der Serienfertigung als auch in der Einzelteilfertigung. Im Bereich der Zahnradfertigung erreicht man durch Einsatzhärtung eine gesicherte Steigerung der Tragfähigkeit und eine hohe Belastbarkeit vor allem bezüglich der Wälzfestigkeit.

Unter Nitrieren versteht man im Gegensatz zur Einsatzhärtung eine „verzugsarme Wärmebehandlung". Neben dem Vorteil einer verschleißfesten Oberfläche erreicht man durch Nitrieren auch eine Verbesserung der Dauerfestigkeit. Nitrieren verbessert darüber hinaus auch den Widerstand gegen Korrosion. Verfahrensbedingt ist mit einer Nitrierbehandlung keine hohe Härtetiefe erreichbar.

Werkstoffe für gehärtete Zahnräder sind je nach Härtungsart genormt:

- DIN 17212 für Flamm- und Induktionshärtung (Randschichthärteverfahren)
- DIN 17210 für Einsatzhärtung
- DIN 17211 für Nitrierstähle (Gasnitrieren)

Stähle für das Flamm- und Induktionshärten sind durch örtliches Erhitzen und Abschrecken in der Randzone härtbar, ohne dass dadurch die Festigkeits- und Zähigkeitseigenschaften des Kerns beeinflusst werden. Einsatzstähle sind Baustähle mit verhältnismäßig niedrigem Kohlenstoffgehalt, die an der Oberfläche aufgekohlt und anschließend gehärtet werden.

Die in der Massenproduktion angewandten Fertigungsfolgen und Verfahren sind abhängig von Wirtschaftlichkeitsüberlegungen, strategischen Gesichtspunkten, Fertigungsphilosophien, praktischen Erfahrungen und subjektiven Meinungen. Ein häufig praktizierter Weg besteht darin, bei der Weichbearbeitung eine möglichst hohe Genauigkeit zu erreichen, dann die Wärmebehandlung innerhalb der geforderten Toleranzen durchzuführen, um die Hartfeinbearbeitung völlig zu vermeiden.

Ein anderer Weg setzt auf die Hartfeinbearbeitung. Untersuchungen haben gezeigt, dass das Geräuschverhalten hartfeinbearbeiteter Zahnräder deutlich besser ausfällt als das von nicht hart bearbeiteten Zahnrädern /WZL-93/.

Strategien zur Hartbearbeitung

Weich- und Hartbearbeitung müssen aufeinander abgestimmt werden. In vielen Fällen reicht es aus, die Hartbearbeitung auf die gehärteten Zahnflanken zu beschränken, da nur diese später mit entsprechenden Gegenflanken in Berührung kommen. Reine Zahnflankenbearbeitung vermeidet unter Umständen auch unerwünschten Verschleiß am Hartbearbeitungswerkzeug.

Bild 4-2 zeigt alternative Strategien der Hartbearbeitung und die jeweils notwendige Weichvorbearbeitung. Die Darstellungen zeigen immer links den weich vorbearbeiteten Zustand der Zahnflanke und rechts den Zustand nach der Hartbearbeitung, während das abgespante Material dünn gestrichelt angedeutet ist. Man erkennt in der oberen Darstellung, dass bei Verwendung eines Protuberanzwerkzeuges – also eines Werkzeuges mit verstärktem

Kopf – in der Weichbearbeitung das Hartbearbeitungswerkzeug zwangsläufig nur noch die Flanken bearbeitet. Bei richtiger Bemessung des Flankenaufmaßes entsteht dann im Übergang von Flanke zum Zahnfuß keine Kante, die die Belastbarkeit des Zahnes schwächen könnte. Die mittlere Abbildung zeigt die Entstehung einer solchen Übergangskerbe für den Fall, dass kein Protuberanzwerkzeug in der Vorbearbeitung eingesetzt wurde. Diese Kerbe lässt sich in solchen Fällen nur vermeiden, wenn der Zahnfuß ebenfalls hart bearbeitet wird, wie es die untere Darstellung von **Bild 4-2** zeigt.

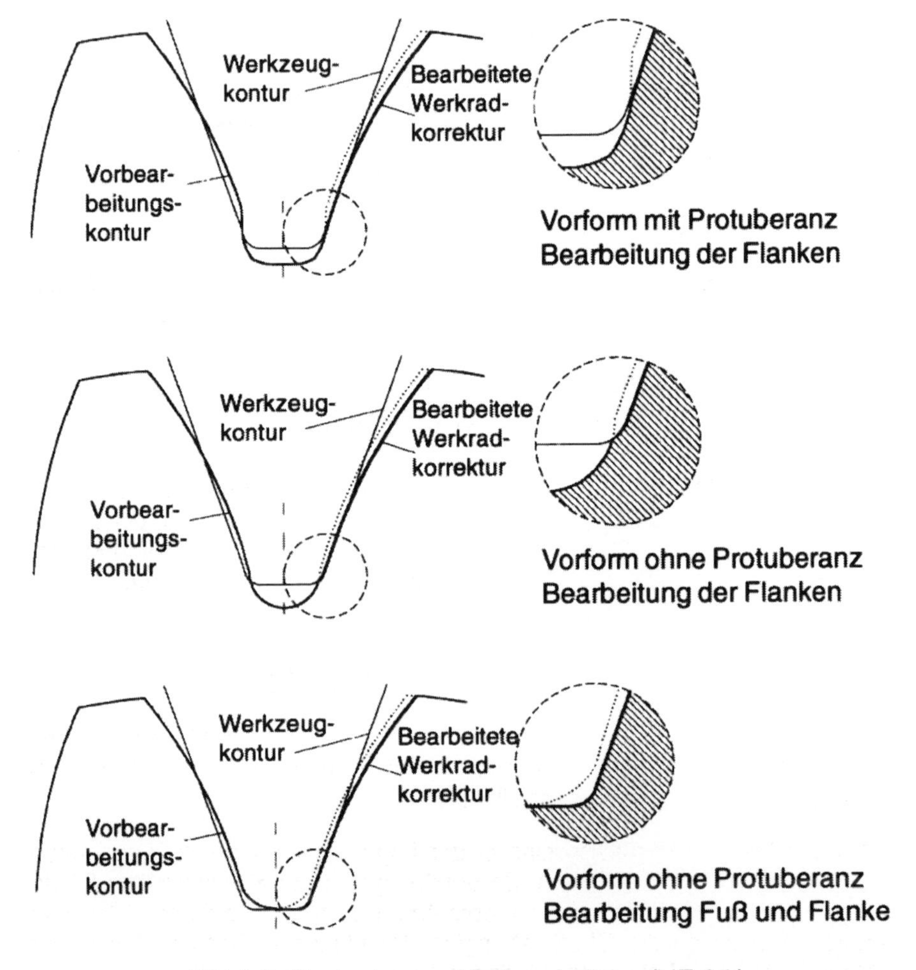

Bild 4-2: Strategien zur Hartbearbeitung /LIE-94/

Maschinenseitige Voraussetzungen

Hartbearbeitungsverfahren bearbeiten immer Werkstücke, die bereits verzahnt sind. Es muss sichergestellt sein, dass das Hartbearbeitungswerkzeug sehr exakt das restliche Aufmaß auf den Flanken sowie den gesamten Härteverzug beseitigt. Bei den oben erwähnten geringen Aufmaßen erfordert dies schnelle und automatisch arbeitende Einmittvorrichtungen.

Je nach Erfordernis werden Einrichtungen mit schaltendem Taster oder mit elektronischem Sensor eingesetzt:

- Einmittvorrichtungen mit schaltendem Taster werden vorwiegend in der Einzel- und Kleinserienfertigung von großmoduligen Werkstücken verwendet. In solchen Fällen wird z.B. die Lage dreier Zahnlücken am Umfang in drei Ebenen in Zahnrichtung vermessen. Aus den Messwerten werden automatisch Mittelwerte gebildet und das Werkzeug lagerichtig zur Verzahnung positioniert. Die Härteverzüge des Werkstücks werden dabei ausgemittelt. Voraussetzung für die Anwendung dieses Verfahrens ist, dass die Lage eines Referenzzahnes am Werkzeug bekannt ist, was durch manuelles Einfädeln in die erste Zahnlücke sichergestellt werden kann.
- Einmittvorrichtungen mit elektronischem Sensor sind geeignet für die Massenproduktion kleinmoduliger Werkstücke bis etwa Modul 8 mm. In diesem Fall wird mit einem berührungslosen Sensor jeder Zahn des vorverzahnten Werkstückes erfasst. Auch hier wird beim Einrichten der Maschine das erste Werkstück manuell eingefädelt. Anschließend wird das Zahnfolgemuster, das der Sensor erkennt, als „Lernvorgang" in der Steuerung abgespeichert. Folgewerkstücke werden mit dem hinterlegten Muster verglichen und automatisch lagerichtig zum Werkzeug positioniert.

4.2 Hartbearbeitung mit geometrisch unbestimmten Schneiden

Wie aus **Bild 3-1** hervorgeht, lassen sich die Verfahren der Hartfeinbearbeitung in Verfahren mit geometrisch unbestimmter und Verfahren mit geometrisch bestimmter Schneide unterteilen.

Nicht alle Hartfein-Verfahren sind in der Lage, gezielt eine definierte neue Flankengeometrie zu erzeugen, da abhängig von der Steifigkeit das Werkzeug mehr oder weniger der Geometrie der Vorbearbeitung folgt und manchmal lediglich die Oberflächengüte der Flanke verbessern kann. Der Abtrag liegt hierbei bei wenigen Mikrometern.

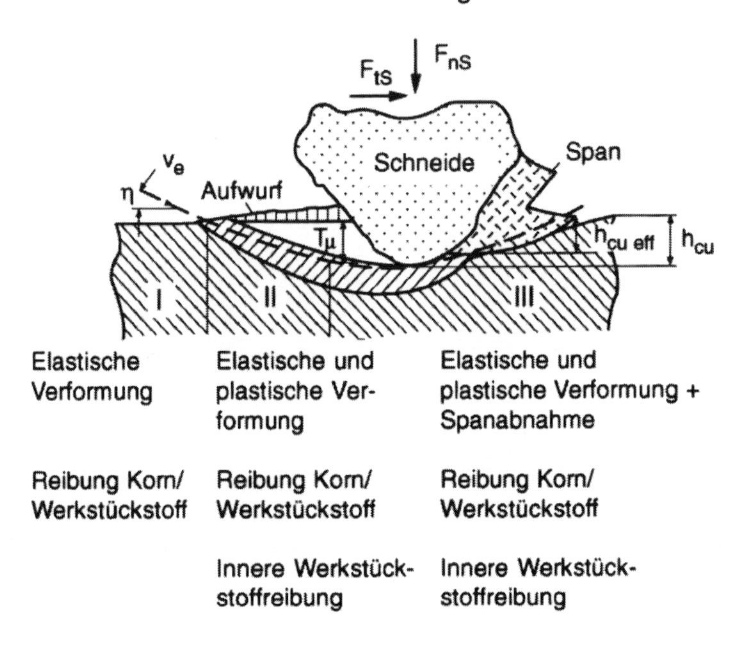

Elastische Verformung	Elastische und plastische Verformung	Elastische und plastische Verformung + Spanabnahme
Reibung Korn/ Werkstückstoff	Reibung Korn/ Werkstückstoff	Reibung Korn/ Werkstückstoff
	Innere Werkstückstoffreibung	Innere Werkstückstoffreibung

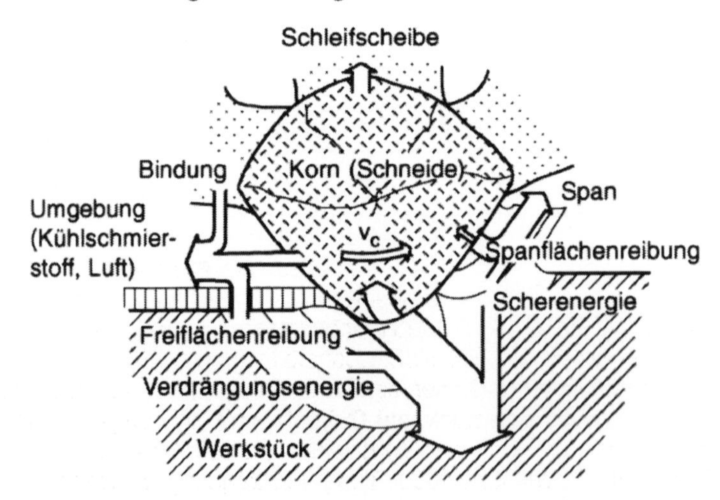

Bild 4-3: Spanbildung bei geometrisch unbestimmter Schneide /KOE-96-1/

Unter den Verfahren der Hartbearbeitung mit geometrisch unbestimmter Schneide versteht man im Wesentlichen die Gruppe der Schleifverfahren und das Verzahnungshonen. Beim Harträumen handelt es sich um ein selten angewandtes Sonderverfahren.

Bevor auf einzelne Verfahren näher eingegangen wird, sollen die Grundlagen der Spanbildung beim Spanen mit geometrisch unbestimmter Schneide dargestellt werden.

Auf **Bild 4-3** ist im oberen Bildteil die Spanerzeugung bei geometrisch unbestimmter Schneide, und im unteren Bildteil die Energieverteilung am Schneidkorn gezeigt.

Während des Bearbeitungsprozesses mit einem bahngebundenen Schneideneingriff dringt die Kornschneide auf einer flachen Bahn in das Werkstück ein und löst dort nach einer Phase der elastischen Verformung ein plastisches Fließen des Werkstückstoffs aus. Infolge der geringen Überschneidung von Schneide und Werkstück erfolgt anfänglich keine Spanbildung. Der Werkstückstoff wird lediglich zur Seite hin verdrängt und bildet Aufwürfe und/oder fließt unter der Schneide hindurch. Erst wenn die Schneide soweit in das Werkstück eingedrungen ist, dass die Spanungsdicke h_{cu} der Schnitteinsatztiefe T_{μ} entspricht, beginnt die eigentliche Spanbildung. Da die Verdrängungsvorgänge und die Spanbildung gleichzeitig auftreten, ist es entscheidend, wie viel von der Spanungsdicke h_{cu} als Span abgetragen wird und wie groß damit die effektive Spanungsdicke $h_{cu\ eff}$ wird. Dies bedeutet, dass bei Hartfeinbearbeitungsverfahren mit geometrisch unbestimmter Schneide eine exakte Abstimmung der Prozessparameter erfolgen muss.

Wie **Bild 4-3** zeigt, wird die eingebrachte mechanische Energie an mehreren Stellen in Wärme ungewandelt. Aufgrund des stark negativen Spanwinkels geht der größte Teil der Energie in die Freiflächenreibung und in die plastische Verdrängung des Werkstückstoffs. Zusätzlich entsteht Wärme auf der Spanfläche und während des Abscherens des Spanes. Bei Zerspanungsvorgängen mit geometrisch definierter Schneide transportieren die Späne den größten Teil der Wärme ab. Beim Schleifen – also bei geometrisch unbestimmter Schneide – liegen die Hauptwärmequellen unterhalb der Schneide, der größte Teil der Wärme fließt deshalb ins Werkstück und führt zu örtlichem Temperaturanstieg. Dieser Temperaturanstieg kann thermische Gefügeveränderungen im Werkstück und Oxidationserscheinungen auf der Oberfläche auslösen. Der Einsatz von Kühlschmierstoff reduziert die Einwirkzeit der Wärme und die Höhe des Temperaturanstieges. Dabei sorgt der Schmieranteil des Kühlschmierstoffs für geringere Reibung und verringert die

Wärmeentstehung, der Wasseranteil entzieht dem Werkstück die Wärme wieder.

Während des Zerspanvorganges beginnt der Verschleiß in den Kristallschichten nahe der Kornoberfläche. Die dort vorhandenen Drücke und Temperaturen lösen Oxydations- und Diffusionsvorgänge aus, die den Abriebswiderstand des Kornmaterials herabsetzen. Zudem ermüdet der Kristallverbund durch die mechanische und thermische Wechselbelastung. Es können Ermüdungsrisse entstehen, die auch die Bindung beeinträchtigen. Die Abflachung der Kornschneide führt zu einer Erhöhung der Schnittkräfte und zu einer Überlastung der Bindung. Ist dies der Fall, werden Körner oder Korngruppen aus der Bindung heraus gerissen. Auch chemische und thermische Einflüsse können eine Bindung schädigen.

Bei Werkzeugen mit geometrisch unbestimmter Schneide sind die Anzahl der im Eingriff befindlichen Schneiden, die Geometrie der Schneidkeile und die Lage der Schneiden zum Werkstück unbestimmt. Solche Werkzeuge werden allgemein in der Feinbearbeitung angewendet und zwar immer dann, wenn die geforderte Maßgenauigkeit und Oberflächengüte durch andere spanende Verfahren nicht erreicht werden kann. Grundsätzlich erreicht man mit geometrisch unbestimmter Schneide sehr kleine Abträge und damit hohe Genauigkeiten.

4.2.1 Übersicht Form (Profil-) – Wälzschleifen

Schleifscheiben oder Schleifschnecken sind Werkzeuge, bei denen Schleifkörner aus Hartstoffen mit Hilfe einer so genannten „Bindung“ ein- oder mehrlagig auf meist metallische Grundscheiben aufgebracht werden. In der Zahnradbearbeitung sind Hartstoffe wie Korund, Siliziumkarbid, Diamant und kubisch kristallines Bornitrid (CBN) im Einsatz. Die Körner werden auf den Grundkörpern mit Bindungen aus Kunstharz, Keramik oder Metall gebunden. Daneben gibt es galvanische Bindungen von Körnern auf ihrem Grundkörper, die nur einlagig ausgeführt werden. Es gibt eine Fülle von Kombinationen aus Grundkörper, Bindung und Kornmaterial, auch die Korngröße und die Kornkonzentration wird variiert und beeinflusst den Schleifprozess.

Bild 4-4 zeigt eine systematische Zusammenstellung der beim Zahnflankenschleifen eingesetzten Verfahrensvarianten. Man unterscheidet zunächst – wie bei den Weichbearbeitungsverfahren auch – zwischen den Wälzverfahren und den Profil- oder Formverfahren. Beim Wälzschleifen wälzt ein zahnstangenförmiges Bezugsprofil mit dem Zahnrad ab. Die Zahnflanke wird nach dem Hüllschnittverfahren eingehüllt. Um Späne abzunehmen, sind neben einer Wälzbewegung auch Schnitt- und Vorschubbewegungen erforderlich. Beim Profilschleifen entspricht das Scheibenprofil dem Werkstückprofil. Im Gegensatz zu den Wälzverfahren ist beim Profilverfahren das Werkzeug werkstückgebunden. Für jedes Werkstück, das sich bezüglich Eingriffswinkel, Modul, Profilverschiebungsfaktor oder Zähnezahl unterscheidet, ist ein eigenes Schleifscheibenprofil erforderlich.

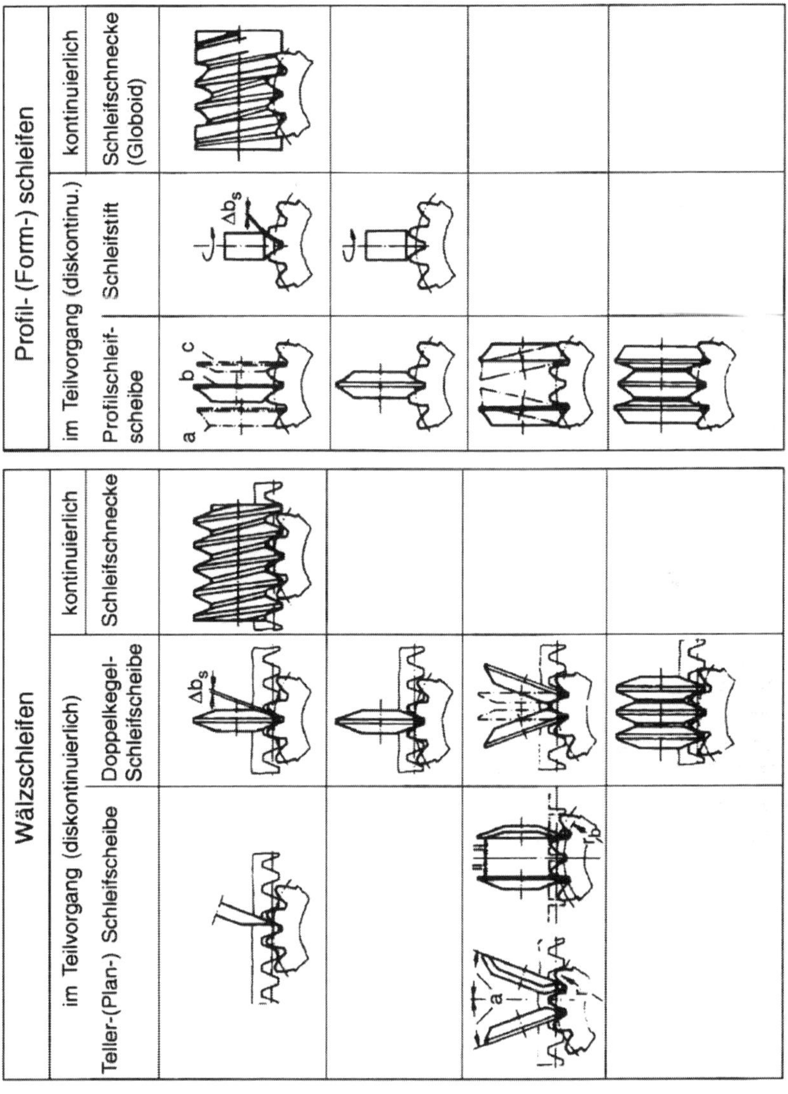

Wälzschleifen			Profil- (Form-) schleifen		
im Teilvorgang (diskontinuierlich)		kontinuierlich	im Teilvorgang (diskontinu.)		kontinuierlich
Teller-(Plan-) Schleifscheibe	Doppelkegel-Schleifscheibe	Schleifschnecke	Profilschleif-scheibe	Schleifstift	Schleifschnecke (Globoid)

Bild 4-4: Verfahrensvarianten beim Wälz- und Profil-(Form-)schleifen /BAU-94/

Beide Verfahrensgruppen – die Wälzschleifverfahren und die Profilschleifverfahren – werden nochmals in diskontinuierliche und kontinuierliche Verfahrensvarianten unterteilt. **Bild 4-4** zeigt für alle diese Fälle die prinzipielle Form und die Anordnung der im Eingriff befindlichen Schleifwerkzeuge.

Bei den diskontinuierlichen Wälzschleifverfahren können Schleifwerkzeuge eingesetzt werden, mit denen zunächst nur eine Zahnflanke geschliffen wird. Zum Schleifen der anderen Flanke wird anschließend entweder das Werkstück umgespannt oder das Werkstück bzw. das Werkzeug um den Betrag Δb_s weitergedreht. Ebenfalls sind Werkzeuge wie Doppelkegelscheibe und paarweise angeordnete Tellerscheiben gezeigt, mit denen linke und rechte Flanken jeweils gleichzeitig geschliffen werden. Abschließend ist ein Schleifwerkzeug dargestellt, mit dem mehrere Zahnlücken gleichzeitig geschliffen werden. Dieses Schleifwerkzeug ist aus mehreren Einzelscheiben oder Segmenten zusammengesetzt. Beim diskontinuierlichen Wälzschleifen entspricht die Scheibenkontur einem Teil der Erzeugungszahnstange, beim kontinuierlichen Wälzschleifen besitzt die verwendete Schleifschnecke im Normalschnitt das Profil der Erzeugungszahnstange.

In **Bild 4-4** zeigt die erste Spalte die Wälzverfahren, bei denen eine Tellerscheibe (Seitenschleif- oder Planscheibe) oder zwei einzelne Tellerscheiben nach der α°-Methode oder nach der 0°-Methode eingesetzt werden. Die angegebenen Winkel definieren dabei die Neigung der eingesetzten Schleifscheiben zu ihrer gemeinsamen Symmetrielinie. Die zweite Spalte zeigt die beim Teilwälzverfahren mit Kegelscheiben (Kegelmantelscheiben) üblichen und bekannten Schleifscheibenformen, die dritte Spalte dokumentiert das kontinuierliche Wälzschleifen mit Hilfe einer zylindrischen Schleifschnecke. Sowohl beim kontinuierlichen als auch beim diskontinuierlichen Wälzschleifen wird die Werkstückachse zur Schleifscheibenachse entsprechend der Schneckensteigung schräg gestellt. Bei Axialvorschub des Werkzeugs muss wie beim Wälzfräsen ein Ausgleich der Drehbewegungen über das beim Wälzfräsen bereits erwähnte Differential erfolgen.

In der rechten Hälfte von **Bild 4-4** zeigt die erste Spalte verschieden angeordnete Profilschleifscheiben wie Einflanken-, Zweiflanken-, oder Mehrflankenschleifscheiben. In der oben dargestellten Anordnung a schleift die Schleifscheibe gegenüber c vermehrt mit ihrer Umfangs-(Mantel-)Fläche. Dieser „Umfangsschliff" ist technisch gesehen günstiger als das Schleifen mit der Seitenfläche einer Schleifscheibe („Seitenschliff"). Der Werkzeuganordnung a ist deshalb gegenüber den Stellungen b oder c der Vorzug zu geben. Mit einer Zweiflanken-Profilschleifscheibe werden beide Zahnflanken einer Lücke gleichzeitig geschliffen. Schließlich ist das kontinuierliche Profilschleifen mit einer globoidförmigen Schleifschnecke dargestellt. Im Gegensatz zur zylinderförmigen Schleifschnecke hat die globoidförmige Schleifschnecke im Normalschnitt kein Erzeugungszahnstangenprofil. Die Schleifschnecke weist über den Umfang oder über einen Steigungsgang betrachtet an jeder Stelle ein anderes Profil auf. Die völlig synchrone Drehbewegung von Zahnrad und Schleifschnecke ist eine Grundbedingung für die erfolgreiche Anwendung dieses Schleifverfahrens. Ein tangentiales Verschieben der Schleifschnecke, d.h. eine Shiftbewegung wie beim Wälzfräsen, ist im Gegensatz zum kontinuierlichen Wälzschleifen nicht möglich.

Schleifwerkzeuge aus Korund oder Siliziumkarbid müssen immer wieder abgerichtet oder konditioniert werden. Man versteht darunter unterschiedliche Prozesse:

- Profilieren zur Beseitigung von Geometriefehlern
- Schärfen zur Sicherstellung der Schneidfähigkeit
- Reinigen zur Beseitigung von Zusetzungen durch Span-, Korn- und Bindungsreste

Moderne Schleifmaschinen sind häufig mit eigenständigen Abrichtvorrichtungen ausgestattet, die die Fertigungsqualität einer Maschine über längere Zeit sicherstellen. Diese Abrichtapparate sind oft aufwendige, hochpräzise Einrichtungen, die mit zwei oder drei eigenen CNC-Achsen praktisch eine „Maschine in der Maschine“ darstellen. Schleifwerkzeuge mit herkömmlichen Kornmaterialien wie Korund und Siliziumkarbid sowie mehrlagig beschichtete CBN-Werkzeuge werden mit Diamantwerkzeugen abgerichtet, während Schleifwerkzeuge mit Diamantkörnern vorzugsweise mit Siliziumkarbidschleifscheiben abgerichtet werden /KOE-96-1/.

Nicht alle Kombinationen Grundkörper-Bindung-Schleifkorn lassen sich abrichten. Alle einlagig beschichteten Schleifwerkzeuge, bei denen CBN- oder Diamant-Körner z.B. galvanisch gebunden werden, sind nicht abrichtbar. Das Standzeitende ist in diesem Fall auch das Lebensdauerende des Werkzeugs.

4.2.2 Wälzschleifen

Die diskontinuierlichen Wälzschleifverfahren nach der 0°-Methode und nach der α°-Methode werden auch MAAG-Verfahren genannt. Das Zahnflankenprofil entsteht in beiden Fällen durch das Abwälzen eines Zahnrades an zwei

Tellerscheiben, die jeweils eine rechte und eine linke Flanke an unterschiedlichen Zähnen des Rades bearbeiten (siehe **Bild 4-5**).

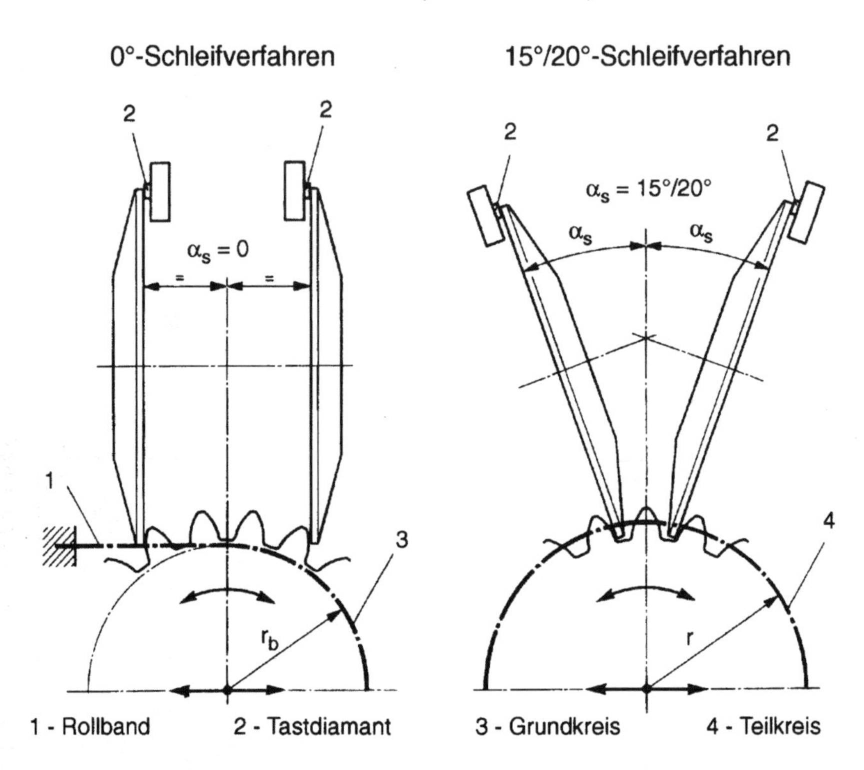

Bild 4-5: Verfahrensvarianten beim Schleifen mit Tellerscheiben /MAA-85/

Beim 0°-Verfahren stehen die beiden Schleifscheiben vertikal. Der Scheibeneingriffswinkel 0° entspricht dem Eingriffswinkel der Grundkreistangente. Deshalb muss die Wälzbewegung durch Abrollen auf dem Grundkreis erfolgen. Andere Verhältnisse ergeben sich bei den unter dem Winkel $\alpha°$ geneigten Tellerscheiben. Die Eingriffsebenen der rotierenden Schleifscheiben sind die Flanken einer gedachten Bezugszahnstange, an der das Zahnrad abwälzt. Die Neigung der Scheiben erfolgt üblicherweise unter dem Eingriffswinkel der Verzahnung, also unter 15° oder 20°. Der Erzeugungswälzkreis, auf dem die gedachte Zahnstange abrollt, ist in diesem Fall der Teilkreis des Zahnrades.

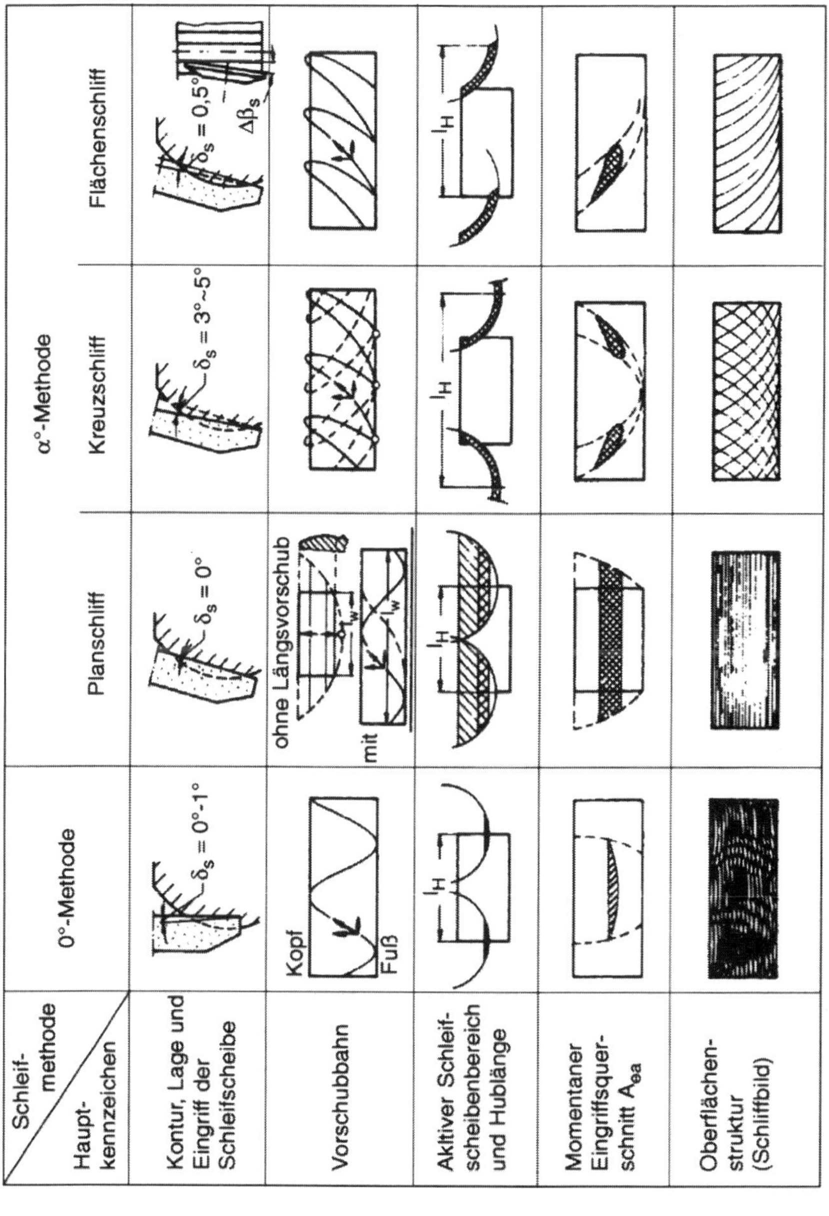

Schleifmethode / Hauptkennzeichen	0°-Methode	α°-Methode		
		Planschliff	Kreuzschliff	Flächenschliff
Kontur, Lage und Eingriff der Schleifscheibe	$\delta_s = 0°\text{-}1°$	$\delta_s = 0°$	$\delta_s = 3°\sim5°$	$\delta_s = 0{,}5°$; $\Delta\beta_s$
Vorschubbahn	Kopf; Fuß	ohne Längsvorschub; l_w; mit; l_w		
Akltiver Schleifscheibenbereich und Hublänge	l_H	l_H	l_H	l_H
Momentaner Eingriffsquerschnitt A_{ea}				
Oberflächenstruktur (Schliffbild)				

Bild 4-6: Schleifmethoden beim Teilwälzschleifen /BAU-94/

Im **Bild 4-6** werden die wesentlichen Merkmale der 0°- und α°-Schleifmethode beschrieben. Die erste Zeile der Matrix zeigt die jeweilige Schleifscheibenkontur im aktivem Bereich sowie die Lage der Schleifscheiben einerseits zur Vertikalen (0°, α°) und andererseits zur Flankenrichtung ($\Delta\beta_s$). Dabei wird im Bereich der α°-Schleifmethode zwischen Planschliff, Kreuzschliff und Flächenschliff unterschieden, die sich durch verschiedene Vorschubbahnen der Schleifscheiben unterscheiden. Darüber hinaus ist der Winkel δ_s des Innenkegels der Schleifscheibe und schematisch der Eingriff der Schleifscheibe in die zu schleifende Zahnflanke dargestellt. Die zweite Zeile zeigt dann die oben genannten Vorschubbahnen der Kontaktpunkte für die unterschiedlichen Schliffmethoden. Deshalb kann die Flanke nicht bis zum Zahngrund geschliffen werden oder der Zahngrund muss von der Weichbearbeitung her einen großen Unterschnitt (Protuberanz) aufweisen.

Aus dem aktiven Bereich der Schleifscheibe resultiert – dargestellt in der dritten Zeile von **Bild 4-6** – der Mindest-Vorschubweg pro Längshub l_H, der in der Schleifmaschine eingestellt werden muss. Er beeinflusst die Schleifzeit und ist eine Kenngröße für die Mengenrate der einzelnen Schleifmethoden. Die vierte Zeile zeigt den momentanen Eingriffsquerschnitt A_{ea}, den eine Schleifscheibe auf der Zahnflanke besitzt. Die gestrichelten Linien markieren dabei die Begrenzung der Schleifbahn nach einer Wälzung. Schließlich zeigt die letzte Zeile die als „Schliffbild" bezeichnete Oberflächenstruktur einer Flanke nach dem Schleifvorgang. Häufig kann man alleine durch Betrachten der erzeugten Oberflächenstruktur Rückschlüsse auf den Schleifvorgang, den Prozessablauf und auf technologische Parameter ziehen.

Beim Wälzschleifen mit Doppelkegelscheiben hat die Schleifscheibe ein trapezförmiges Profil und stellt somit den Zahn einer Zahnstange dar. Wie auf **Bild 4-7** gezeigt, besteht der Abwälzvorgang aus einer Dreh- und einer Linearbewegung. Zwischen der Schleifscheibe und dem Werkstück besteht eine punktförmige Berührung, deren geometrischer Ort während des Schleifens vom Zahnfuß zum Zahnkopf wandert. Dadurch entsteht eine gleichmäßigere Abnutzung der Schleifscheiben als bei den Tellerscheiben.

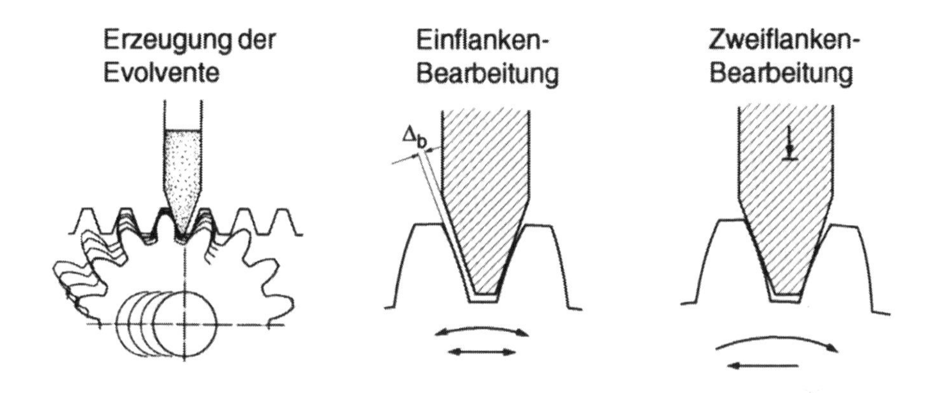

Bild 4-7: Wälzschleifen mit Doppelkegelschleifscheibe /BAU-94/

Man unterscheidet beim Wälzschleifen mit Doppelkegelscheiben die Einflanken- und die Zweiflankenbearbeitung. Beim Einflankenschliff wird jeweils eine Flanke pro Zahnlücke und Wälzrichtung bearbeitet. In einem zweiten Rundgang erfolgt anschließend die Bearbeitung der anderen Flanken. Das Verfahren erlaubt den Einsatz der gleichen Schleifscheibe zum Schleifen unterschiedlicher Moduln und unterschiedliche Zustellbeträge für linke und rechte Flanken z.B. abhängig vom Härteverzug. Beim Zweiflankenschliff werden beide Zahnflanken einer Zahnlücke gleichzeitig bearbeitet. Die Schleifscheibendicke muss genau auf das Zahnlückenmaß abgerichtet sein, damit beide Flanken im Eingriff sind. Bei wechselnden Moduln werden verschieden starke Schleifscheiben notwendig. Mit dem Einflankenschliff sind bessere Ergebnisse erzielbar als mit Zweiflankenschliff.

Die Kinematik des kontinuierlichen Wälzschleifens ähnelt sehr dem Wälzfräsen, bei dem statt des Wälzfräsers eine Schleifschnecke eingesetzt wird. Einige Hersteller von Wälzfräsmaschinen realisieren ihre Schleifmaschinen auf der Basis der Wälzfräsmaschine. Daneben gibt es speziell für das Schleifen mit zylindrischer Schleifschnecke entwickelte Maschinen, die oft gegenüber der Bearbeitungsstation auch eine Station zum Abrichten der Schleifschnecke haben. In jedem Fall müssen Zahnflankenschleifmaschinen wegen der hohen Schnittgeschwindigkeiten weit höhere Tischdrehzahlen realisieren als Wälzfräsmaschinen.

4.2.3 Profil- (Form-) Schleifen

Beim diskontinuierlichen Formschleifen entspricht das Schleifscheibenprofil exakt dem Zahnlückenprofil. **Bild 4-8** zeigt links eine Schleifscheibe in der

Mittenstellung, so dass das Schleifscheibenprofil symmetrisch zur Mittellinie der Zahnlücke liegt. Damit ist es grundsätzlich möglich, gleichzeitig die zur Zahnlücke gehörende zweite Zahnflanke zu schleifen. Die Schleifscheibe berührt die fehlerfreie Zahnflanke über der gesamten Zahnhöhe längs einer Kontaktlinie l_k. Um theoretisch das Scheibenprofil auf die gesamte Werkstückbreite b übertragen zu können, muss eine tangentiale Vorschubbewegung mit der Geschwindigkeit v_f und die Schnittbewegung mit Geschwindigkeit v_c überlagert werden.

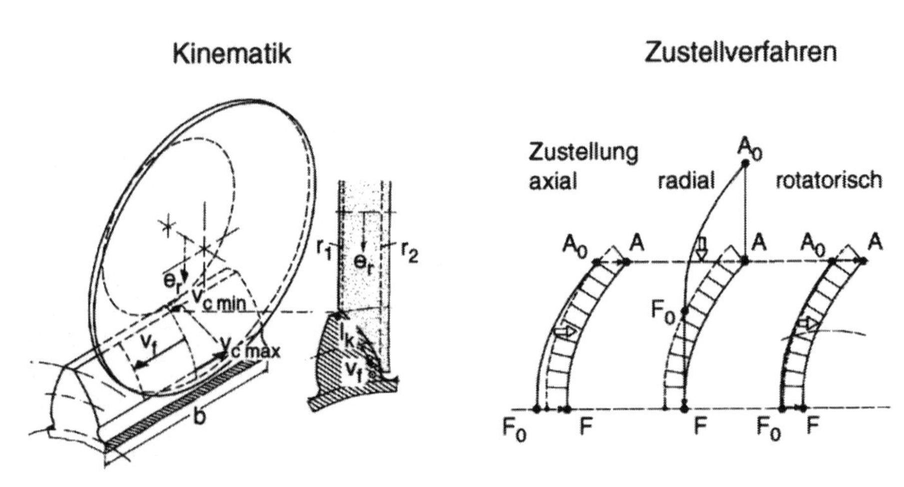

Bild 4-8: Profil-(Form-)Schleifen /BAU-94/

Die Differenz der Schleifscheibenradien ergibt über der Zahnhöhe unterschiedliche Schnittgeschwindigkeiten. Ist ein Schleifaufmass vorhanden, erweitert sich die Kontaktlinie zur Eingriffsfläche, d.h. Schleifscheibe und Werkstück durchdringen sich gegenseitig. Im Gegensatz zum Wälzschleifen entsteht beim Profilschleifen auf der Zahnflanke keine einhüllende Oberflächenstruktur; nur die Genauigkeit des Schleifscheibenprofils beeinflusst die Genauigkeit des Zahnflankenprofils.

Der rechte Teil des **Bildes 4-8** zeigt unterschiedliche Methoden der Schleifscheibenzustellung beim Profilschleifen. Bei rein axialer Zustellung berührt die Schleifscheibe die Zahnflanke zuerst am Zahnkopf. Bei radialer Zustellung berührt die Schleifscheibe am Beginn des Schleifvorganges gerade die Zahnflanke am Zahnfuß. Mit jeder weiteren Zustellung wächst dann die Eingriffsfläche, wobei sie sich erst bei fast vollständiger Zustellung bis zur Zahnkopfkante erstreckt. Im Gegensatz dazu überträgt die Schleifscheibe nur bei rotatorischer Zustellung – in der Regel vom Werkstück ausgeführt – von Anfang an ein kongruentes Profil auf die gesamte Zahnflanke.

Das kontinuierliche Profilschleifen, wie es auf **Bild 4-9** dargestellt ist, unterscheidet sich erheblich vom kontinuierlichen Wälzschleifen. Im Gegensatz zum Wälzschleifen besitzt die globoidförmige Schleifschnecke für das Profilschleifen kein Zahnstangenprofil als Bezugsprofil, sondern die Kontur einer Zahnflanke. Beim kontinuierlichen Wälzschleifen muss das Werkzeug relativ zum Werkstück in axialer Richtung verschoben werden, um die Zahnflanken über die gesamte Breite zu bearbeiten. Beim kontinuierlichen Profilschleifen wird ein Axialvorschub nur in seltenen Fällen benötigt. Der Grund hierfür liegt darin, dass beim Wälzschleifen immer nur eine Punktberührung zwischen Schleifschnecke und Zahnflanken besteht, beim Profilschleifen dagegen immer eine Linienberührung über die gesamte Zahnbreite. Bei der Bearbeitung erweitern sich diese theoretischen Kontaktpunkte bzw. -linien dann zu analog geformten Eingriffsflächen.

Um das kontinuierliche Profilschleifen zu realisieren, muss eine globoidförmige Schleifschnecke eingesetzt werden, die einen Teil des Werkstückumfangs umschließt. Die exakte Form wird durch Profilieren der Schleifschnecke mit einem diamantbelegten Zahnrad sichergestellt, das eine ähnliche Geometrie wie das Werkstück aufweist. Um nicht schon beim Zustellen der Schleifschnecke in ein ungeschliffenes Werkstück einen Teil oder die gesamte Schleifzugabe punktuell wegzuschleifen, werden die Lücken der Globoidschnecke um mindestens den Betrag der Schleifzugabe breiter profiliert. Deshalb erfolgt während des Profiliervorgangs ein der Solllage überlagertes Vor- und Zurückdrehen des Diamantrades.

Die Bearbeitung des Werkstücks erfolgt anschließend im so genannten Drehvorschubverfahren (siehe **Bild 4-9** oben), bei dem die Schleifschnecke zuerst auf volle Tiefe zustellt und das Werkstück anschließend eine genau definierte Drehung durchführt. Dabei werden alle gleichliegenden Flanken geschliffen, danach wird das Werkstück um den doppelten Betrag zurückgedreht, um die anderen gleichliegenden Flanken schleifen zu können. Durch diesen Ablauf ist gewährleistet, dass stets eine optimale Linienberührung zwischen Werkstück und Werkzeug besteht.

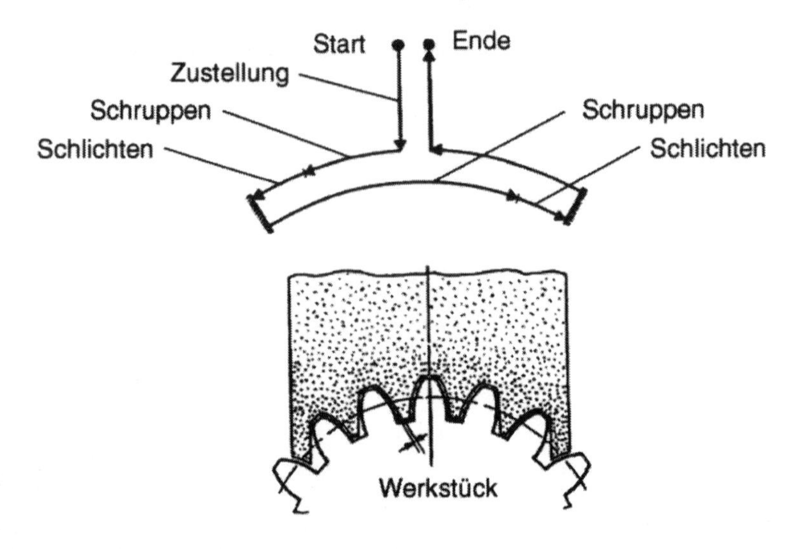

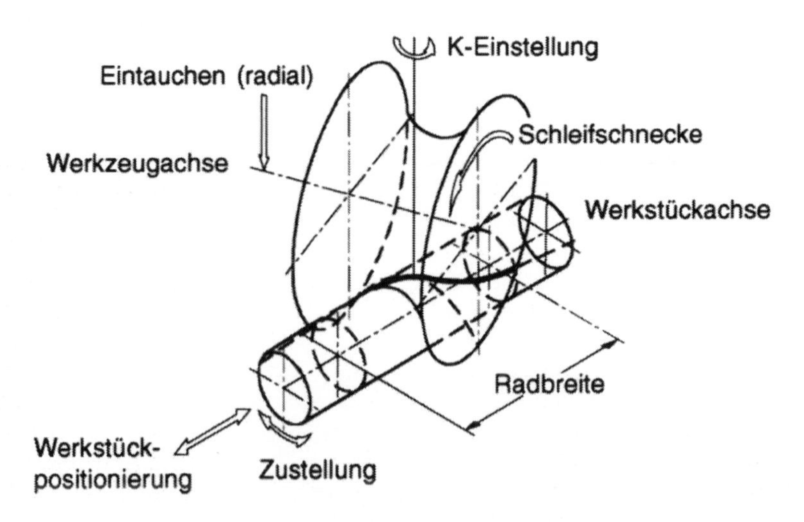

Bild 4-9: Kontinuierliches Profilschleifen /REI-92/

Beim kontinuierlichen Profilschleifen ist das Werkzeug werkstückgebunden. Dies bedeutet, dass für jede Bearbeitungsaufgabe ein eigenes Werkzeug eingesetzt werden muss. Auch das diamantbesetzte Abrichtrad unterliegt dieser Bedingung. Damit ist die Flexibilität des Verfahrens sehr stark eingeschränkt. Deshalb und wegen der hohen Werkzeugkosten wird das Verfahren ausschließlich in der Großserienfertigung eingesetzt.

4.2.4 Honen (Schabschleifen)

Das Honen gehärteter Verzahnungen hat sich in der Massenproduktion sowohl als eigenständiges Verfahren als auch als Ergänzung für andere Hartfeinbearbeitungsverfahren – wie z. B. für das kontinuierliche Profilschleifen – gut etabliert. Ziel des Honens ist es in erster Linie, auf den Zahnflanken eine geräuschgünstige Oberflächenstruktur zu erzeugen.

Die kinematischen Zusammenhänge sind auf **Bild 4-10** dargestellt. Das Verfahren beruht darauf, dass ein innen verzahnter Honstein – beschichtet mit Hartstoffkörnern – zum Honen von außen gerade oder schräg verzahnten Stirnrädern und Wellen eingesetzt wird. Auf der gleichen Maschine ist auch das Honen von innen verzahnten Hohlrädern mit außen verzahnten Honsteinen möglich. Die Verzahnung des Honsteins treibt während der Bearbeitung das Werkstück mit Drehzahlen bis zu 3000 min^{-1} an. Der Honstein wird so ausgelegt und angeordnet, dass seine Achse mit der Achse des Werkstücks einen Achskreuzungswinkel bildet, durch den Relativbewegungen zwischen den Flanken des Honsteins und den Flanken des Werkstückes entstehen. Dadurch entstehen Bearbeitungsspurenanteile in Richtung der Stirnschnittebenen, durch die eine Spanabnahme erfolgt.

Auf **Bild 4-10** ist eine Honmaschine mit dem typischen Konstruktionsprinzip gezeigt. Das Maschinenbett trägt den Werkstückschlitten, den Support für die radiale Zustellung des Honkopfes und gegebenenfalls eine Achse für Flankenlinienmodifikationen. Auf dem Werkstückschlitten sind Spindelstock und Reitstock zur Aufnahme der Werkstücke angeordnet. Zur Verbesserung der Gleichmäßigkeit der Werkstückoberfläche kann dieser Schlitten eine Oszillierbewegung durchführen. Das Werkstück wird dabei parallel zu seiner Drehachse am rotierenden Honstein entlang hin und her geführt. Durch diese Oszillation entsteht eine ausgeglichenere Oberflächengüte am Werkstück. Der Honkopfträger dient sowohl der Einstellung des Achskreuzwinkels zwischen Werkstück- und Honringachse als auch der radialen Zustellung. Der Honkopf selbst lässt sich zur Einstellung anderer Achskreuzwinkel nach beiden Richtungen CNC-gesteuert schwenken.

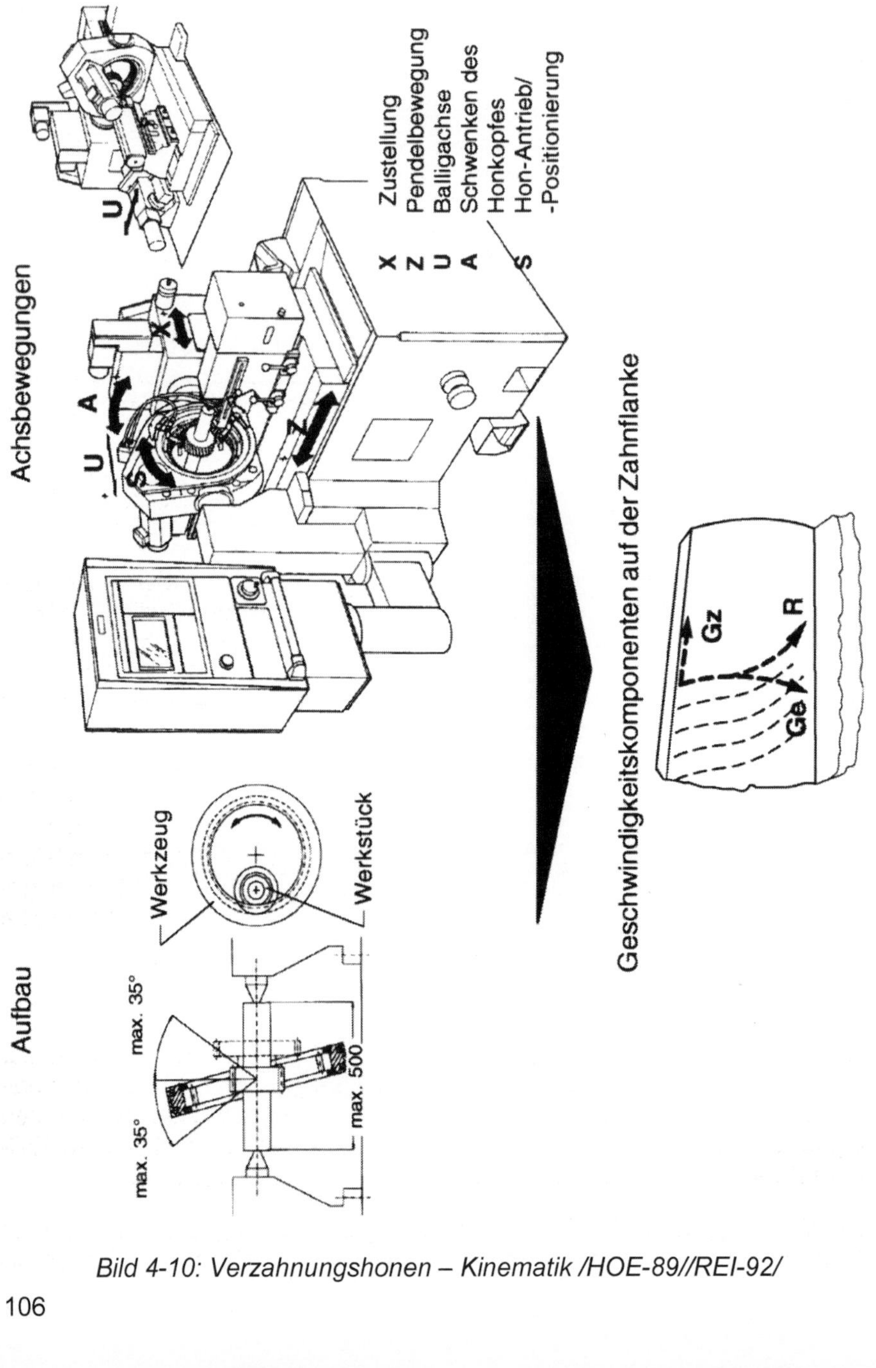

Bild 4-10: Verzahnungshonen – Kinematik /HOE-89//REI-92/

Honringe werden bevorzugt aus Edelkorund oder Siliziumkarbid in Kunstharzbindung ausgeführt. Andere Kombinationen werden getestet. Die Ringe werden aus einem pulverförmigen Gemisch aus Schneidstoff, Bindung und Hilfsstoffen gepresst und im Ofen ausgehärtet. In manchen Fällen wird die Verzahnung des Ringes sofort mit eingepresst, in anderen Fällen werden nur hohle Grundkörper gefertigt und die Zahnlücken anschließend mit diamantbelegten Scheiben eingeschliffen. Vor der Bearbeitung des ersten Werkstücks und immer nach Verlust der ursprünglichen Geometrie wird der Honring mit Diamantabrichtwerkzeugen profiliert. Dabei wird zuerst der Kopfkreisdurchmesser des Honringes mit einer Diamantrolle abgerichtet. Danach kommt ein Diamantzahnrad zum Einsatz, das die Flanken des Werkzeugs aufbereitet. Die Abrichtbewegungen entsprechen denen des Honzyklus. Der Abrichtbetrag wird am Querschlittenweg automatisch kompensiert. Alle notwendigen Korrekturen der Zahnflanken wie Kopf- oder Fußrücknahmen, Konizitäten, Balligkeiten oder topologische Korrekturen werden im Abrichtrad mitberücksichtigt.

In erster Linie wird Verzahnungshonen zur Verbesserung der Oberfläche oder zur Beseitigung von Schäden an Zahnrädern verwendet, die bereits einem anderen Hartbearbeitungsverfahren wie Schleifen oder Schälwälzfräsen unterzogen wurden. Die typischen Abtragsraten pro Flanke liegen bei 0,05 mm bis 0,1 mm bei Zustellbeträgen von weniger als 0,01 mm. Bisher ist mit Verzahnungshonen eine Verbesserung von Form- und Lagetoleranzen nur in eingeschränktem Maße möglich. Es gibt jedoch Bestrebungen, die Leistung des Verfahrens und die Abtragsrate dahingehend zu steigern, um möglicherweise andere, vorgelagerte Verfahren zu eliminieren. In diesem Zusammenhang sind neue Verfahrensvarianten entstanden, die herstellerabhängig Coronieren, Direkthonen, Powerhonen oder Spheric-Honen genannt werden. Kennzeichen aller dieser Verfahren ist die elektronische Kopplung zwischen Werkstück- und Werkzeugantrieb.

4.2.5 Harträumen (Hubschleifen)

Zu den Hartfeinbearbeitungsverfahren mit geometrisch unbestimmter Schneide gehört auch das Harträumen. Der Begriff Hubschleifen, der das Verfahren besser charakterisiert, hat sich nicht durchgesetzt. Harträumen eignet sich für kleinere durchgehende Innenprofile, zu denen neben Keil- oder Polygonprofilen auch evolventische Steckverzahnungen zählen.

Als Werkzeug wird ein ein- oder mehrteiliger Dorn eingesetzt, der wie ein Räumwerkzeug profiliert ist und einen konischen und einen zylindrischen Arbeitsbereich hat, um Materialabtrag und Kalibrierung zu erreichen. Das Werkzeug ist mit metallgebundenen Diamantkörnern beschichtet.

Der Dorn fährt von unten in das fest stehende Werkstück ein. Er führt eine oszillierende Bewegung aus, dabei wird der Weg immer länger, bis die Bohrung nach einer Vielzahl von Hüben völlig ausgeräumt ist. Bei jedem Rückhub wird das abgespante Material mit Hilfe einer Ringdüse ausgespült. Anschließend erfolgt der ebenfalls oszillierende Kalibriervorgang. Auf **Bild 4-11** ist der prinzipielle Bewegungsablauf des Verfahrens dargestellt.

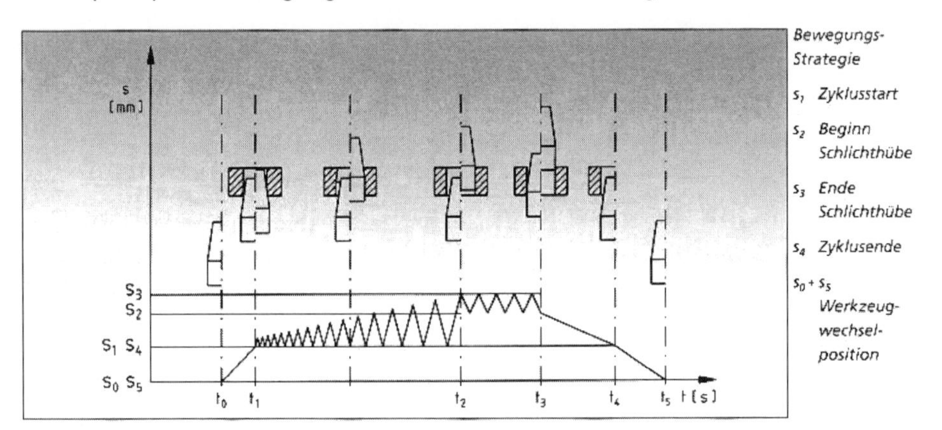

Bild 4-11: Harträumen – Bewegungsablauf /GER-01/

4.3 Hartbearbeitung mit geometrisch bestimmten Schneiden

Die wesentlichen Verfahren der Hartbearbeitung von Zahnrädern mit geometrisch bestimmter Schneide sind das Schälwälzfräsen, das Hartschälen und das Harträumen. Sie werden nachfolgend im Einzelnen behandelt.

4.3.1 Schälwälzfräsen

Schälwälzfräsen ist ein spanendes Verfahren mit geometrisch bestimmter Schneide, das zur Bearbeitung gehärteter Zahnradflanken eingesetzt wird. Die dafür verwendeten Maschinen sind von der Kinematik her identisch mit Wälzfräsmaschinen für die Weichbearbeitung. Für das Schälwälzfräsen müssen statisch und dynamisch besonders steife Maschinen mit geringen geometrischen und kinematischen Abweichungen realisiert werden. Der Unterschied zwischen Schälwälzfräsen und konventionellem Wälzfräsen liegt im Werkzeug. Beim Schälwälzfräsen kommen durchweg Hartmetallwerkzeuge zum Einsatz. Das besondere Kennzeichen dieser Werkzeuge ist der negative Spanwinkel, der den für das Schälwälzfräsen typischen schälenden Schnitt erzeugt. Er liegt in der Regel zwischen -20° und -30°.

Während beim Schlichtwälzfräsen auch die Kopfschneiden des Werkzeugs an der Spanbildung beteiligt sein können, ist beim Schälwälzfräsen darauf zu achten, dass nur die Flanken des Schälwälzfräsers schneiden. Dadurch werden L- oder U-förmige Späne, die zu hohem Verschleiß oder zu Ausbrüchen führen, weitgehend vermieden.

Die beim Schälwälzfräsen auftretende Schnittkraft ist wegen der geringen Flankenaufmaße relativ gering. Dagegen steigt die tangentiale Schnittkraftkomponente – in Achsrichtung des Fräsers – stark an. Die Gründe hierfür liegen in der Härte des Werkstückmaterials und in der geringen Spanungsdicke. Die Zahl der im Eingriff befindlichen Fräserzahnflanken ändert sich ständig. Damit schwankt auch die resultierende tangentiale Schnittkraft nach Größe und Richtung. Diese Schnittkräfte müssen hauptsächlich von Tisch- und Fräserantrieb aufgenommen werden. Deshalb sind an Schälwälzfräsmaschinen vorgespannte und damit spielfreie Tisch- und Fräserantriebe unerlässlich.

4.3.2 Hartschälen

Das kinematische Prinzip des Hartschälens ist identisch mit dem in Kapitel 3.2.4 beschriebenen Wälzschälen. Die Anordnung von Werkzeug und Werkstück während des Schälvorgangs ist auf **Bild 4-12** dargestellt. Hartschälen ist ein kontinuierliches Wälz-Schraubverfahren. Während jeder Werkstückumdrehung wird ein schmales Band der Werkstückverzahnung bearbeitet. Dieses Band wird über eine Axialschlittenverschiebung und eine Zusatzdrehung des Werkstücks über die Zahnbreite „geschraubt" und so die gesamte Verzahnung hergestellt. Hartschälen ist für bestimmte Teilearten in der Massenfertigung ein eingeführtes Verfahren. Es wird allerdings nicht im gesamten möglichen Anwendungsbereich des Weichschälens verwendet, sondern nur dort, wo die Werkzeuggeometrie einfach gehalten werden kann. Wegen des verfahrensbedingten Achskreuzwinkels lassen sich gerade verzahnte Werkstücke nicht mit einem gerade verzahnten Werkzeug bearbeiten. Da gerade verzahnte Werkzeuge aber wesentlich einfacher in der Anwendung und viel leichter aufzubereiten sind, werden bisher in der industriellen Anwendung nur gerade verzahnte Werkzeuge eingesetzt. Schälwerkzeuge sind werkstückgebunden, für jedes Werkstück ist ein speziell ausgelegtes Werkzeug aus Hartmetall erforderlich.

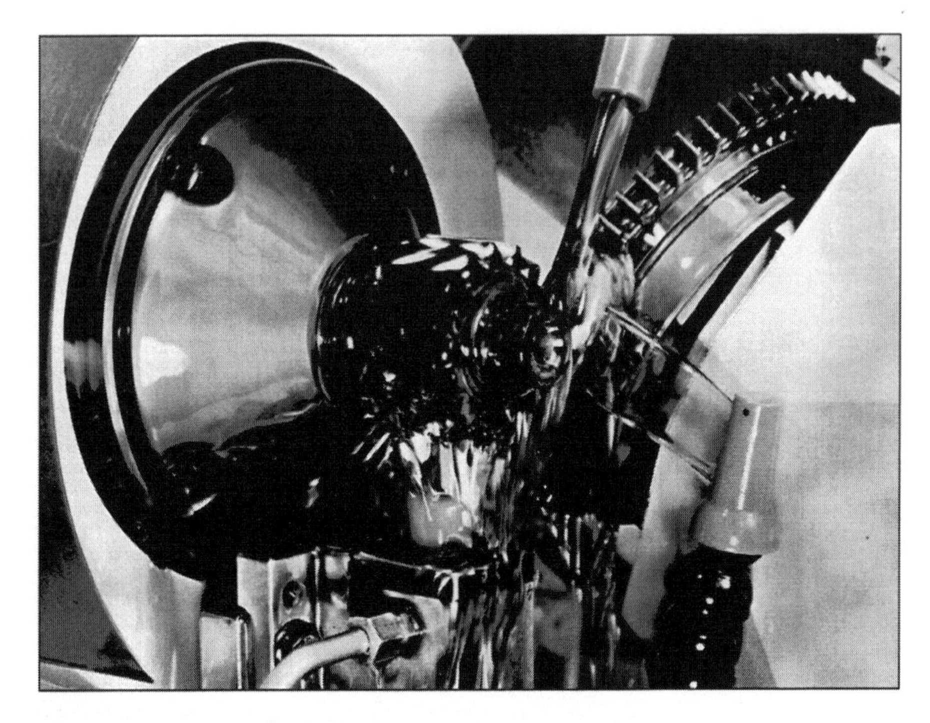

Bild 4-12: Hartschälen /FAU-96/

Hartschälen wurde zunächst als Zweiflankenprozess erprobt, brachte aber nicht die erforderlichen Qualitäten. Die in der Praxis angewandte Einflankenbearbeitung benötigt zwar erheblich längere Bearbeitungszeiten, bringt aber bessere Qualitäten und lässt eine höhere Flexibilität der Bearbeitung zu, weil die beiden Flanken mit unterschiedlichen Einstellparametern geschält werden können.

Bei einer Wälzschälmaschine ist die Werkstückspindel horizontal fest angeordnet. Das Werkstück führt also nur eine Drehbewegung um die eigene Achse aus. Alle anderen Bewegungen, die Drehung des Werkzeugs, die radiale Zustellung, die axiale Vorschubbewegung und die Schwenkbewegung zur Einstellung des Achskreuzwinkels sind im Werkzeugträger integriert. Die Wälzachsen sind elektronisch gekoppelt, wobei die Wälzgetriebe spielfrei sein müssen. Das Schärfen des Werkzeugs erfolgt im Arbeitsraum der Maschine, ohne dass ein Werkzeugwechsel erforderlich ist.

4.3.3 Harträumen

Das Verfahren Harträumen wird auch mit geometrisch bestimmter Schneide an Innenverzahnungen praktiziert. Es dient dazu, die bei der Wärmebehandlung weich geräumter Verzahnungen entstandenen Härteverzüge zu beseitigen. Kinematisch entspricht das Harträumen mit geometrisch bestimmter Schneide weitgehend dem Weichräumen, die Werkstücke werden also mit einem Schnitt fertig bearbeitet. Damit unterscheidet sich dieses Verfahren grundlegend von dem gleichnamigen Verfahren mit geometrisch unbestimmter Schneide (siehe Kapitel 4.2.5).

Der Harträumprozess erfolgt mit höheren Schnittgeschwindigkeiten (ca. 60 m/min) als das Weichräumen. Wegen der unzureichenden Antriebsdynamik können ältere Räummaschinen deshalb nicht auch für das Harträumen benutzt werden.

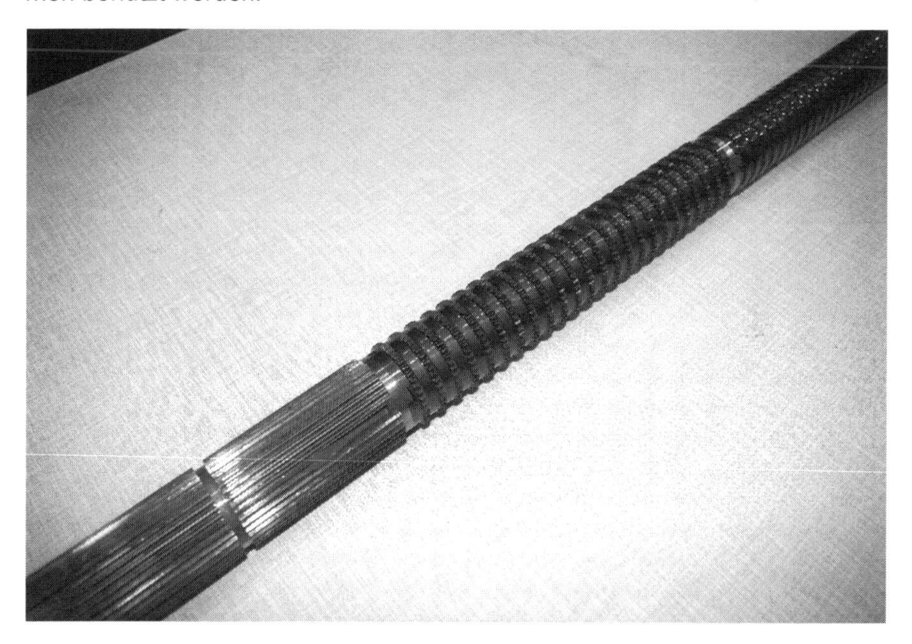

Bild 4-13: Harträumwerkzeug mit Einführungsteil (links) und Profilbuchse (rechts) /KLI-07/

Als Werkzeuge für Innenräumaufgaben werden verzahnte Hartmetallbüchsen eingesetzt. Der Spanwinkel der Räumzähne beträgt –15° bis –20°. Ähnlich wie beim Schälwälzfräsen kommt dadurch ein schälender Schnitt zustande, bei dem in erster Linie die Flanken des Werkzeugs die Spanabnahme durchführen. In den meisten Fällen werden nur Kopf und Flanken der Verzahnungen geräumt, in Sonderfällen kann mit demselben Werkzeug auch der Fuß der Verzahnung bearbeitet werden.

Vor dem Harträumvorgang muss jedes Werkstück relativ zur Werkzeuggeometrie vorpositioniert werden. Dies geschieht in einer geeigneten Werkstückwechselvorrichtung. Die endgültige Ausrichtung in der Bearbeitungsstation übernimmt dann ein Einführungsteil an der Räumnadel.

5 Verfahren zur Herstellung von Kegelrädern

Die Verfahren zur Herstellung von Kegelrädern lassen sich prinzipiell in eine ähnliche Systematik einteilen wie die Verfahren der Zylinderradherstellung. Es gibt auch bei den Kegelrädern Verfahren der Weich- und der Hartbearbeitung. Innerhalb der Weichbearbeitung unterscheidet man ebenso spanlose und spanabhebende Verfahren, und die spanabhebenden Verfahren werden wieder in Form- und Wälzverfahren unterteilt. Die Wälzverfahren lassen sich in diskontinuierliche („Teilwälz-“) und kontinuierliche Wälzverfahren aufteilen. Bei Hartbearbeitungsverfahren unterscheidet man zwischen solchen mit geometrisch bestimmter und geometrisch unbestimmter Schneide. Neben dem Herstellverfahren werden Kegelräder auch danach unterschieden, ob die Zahnhöhe über der Zahnbreite konstant oder vom kleinen zum großen Durchmesser zunehmend – also konisch – verläuft. Während bei gerade oder schräg verzahnten Kegelrädern der Zahnlängenverlauf stets konisch ist, werden bei Spiralkegelrädern nur die kreisbogenverzahnten, im Teilverfahren hergestellten Räder konisch ausgeführt. Die kontinuierlichen Herstellverfahren erzeugen Evolventen oder Zykloiden als Längskurve und Zähne mit konstanter Zahnhöhe.

Die Herstellung von Kegelrädern ist nicht nur Sache einer Maschine oder eines Werkzeugs. Sie erfolgt heute in aller Regel auf der Basis einer speziellen Fertigungsorganisation, die in der Art eines Regelkreises arbeitet. So ist zur Erreichung der geforderten Qualität die Verzahnungsmessmaschine genau so wichtig wie die Werkzeugschärfmaschine und die eigentliche Verzahnmaschine.

Die Kinematik miteinander abwälzender Kegelräder ist auf **Bild 5-1** dargestellt. Die Darstellung zeigt Räder mit sich schneidenden Achsen. Dem im rechten Bildteil gezeigten Plan- oder Erzeugungsrad, das mit beiden am Abwälzprozess beteiligten Kegelrädern kämmt, kommt bei den Abwälzverfahren der Kegelradherstellung entscheidende Bedeutung zu.

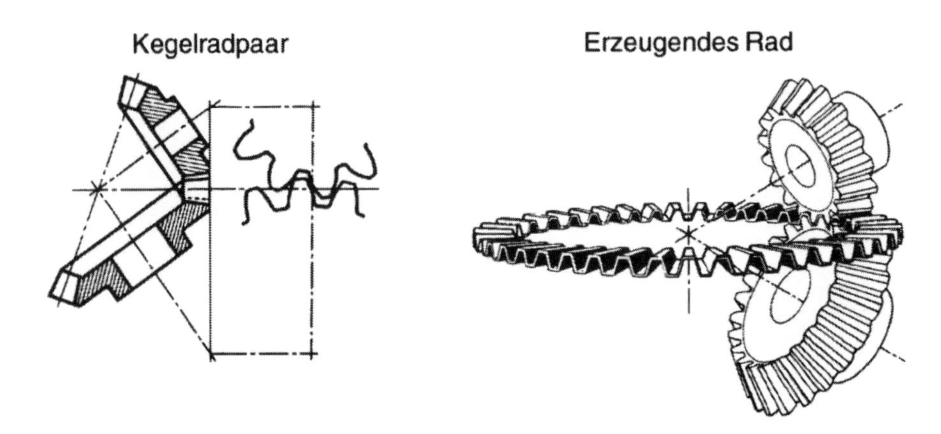

Bild 5-1: Zahnradpaarungen mit sich schneidenden Achsen /DIN 3998/

Die Namen der einzelnen Verfahren und ihre Zuordnung zur oben genannten Einteilung zeigt **Bild 5-2**. Nachfolgend werden die wichtigsten Verfahren im Einzelnen behandelt. Prinzipielle Anmerkungen zum Einsatzbereich von Kegelrädern und Grundlagen zur Kinematik ihrer Herstellung werden der jeweiligen Verfahrensgruppe vorangestellt.

5.1 Weichbearbeitung

5.1.1 Spanlose Verfahren

Spanlos hergestellte Kegelräder sind fast ausschließlich gerade oder schräg verzahnt. Sie werden vorzugsweise dort eingesetzt, wo ausschließlich eine Kraftübertragung gefordert ist wie z.B. bei Hebezeugen oder Landmaschinen, oder bei keinen zu hohen Anforderungen an die Verzahnungsgenauigkeit.

Wie bei der Zylinderradherstellung spielt die spanlose Herstellung von Kegelrädern beispielsweise durch Gießen, Pressen, Sintern oder Präzisionsschmieden nur eine untergeordnete Rolle. Sie kommt bestenfalls dort in Betracht, wo in der Massenproduktion Räder mit einfachen Geometrien und geringen Genauigkeitsanforderungen herzustellen sind. Bei höheren Ansprüchen an die Genauigkeit werden umformend hergestellte Kegelräder auch spanend fertig bearbeitet.

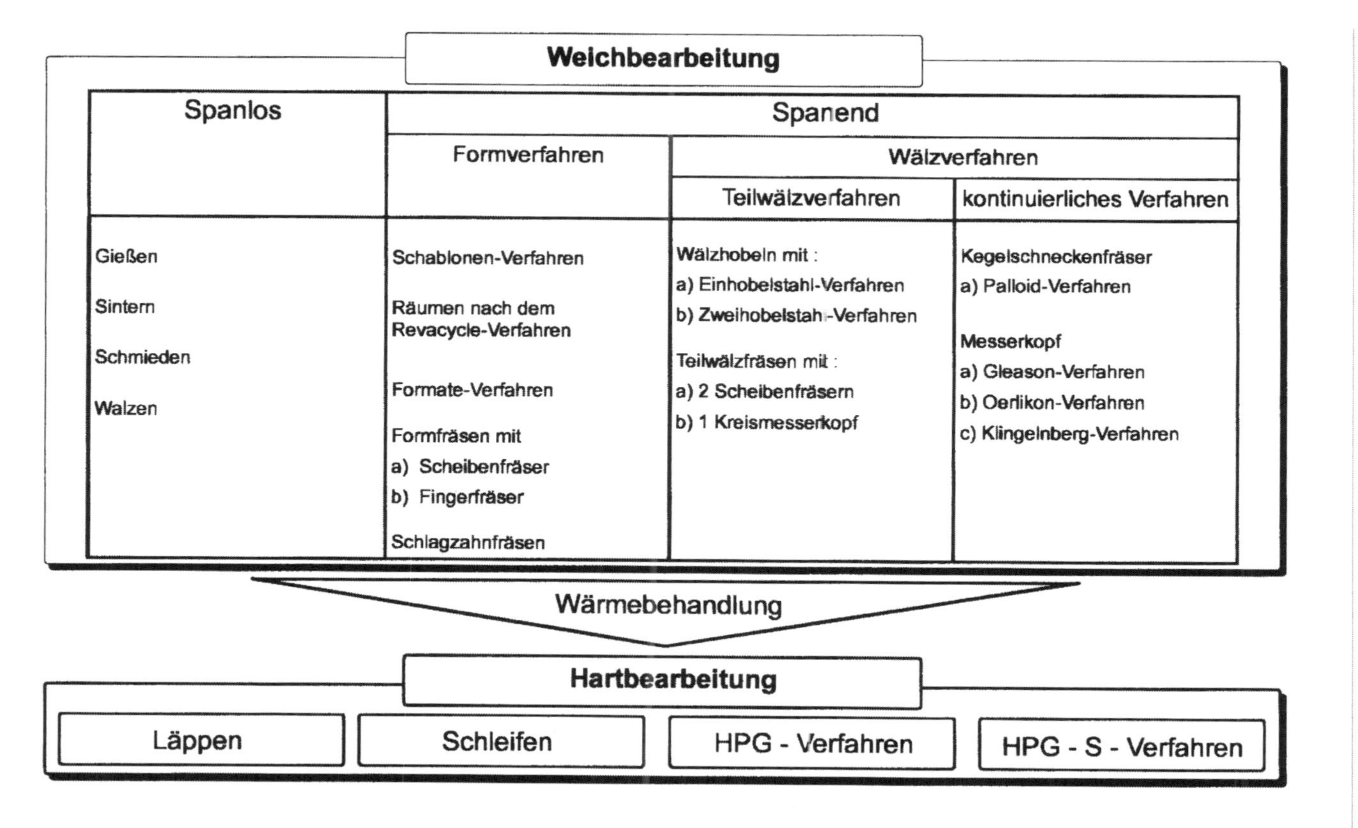

Bild 5-2: Verfahren der Kegelradherstellung

5.1.2 Spanende Verfahren

Kegelräder werden dann mit spanenden Verfahren bearbeitet, wenn höhere Genauigkeiten und Geräuscharmut gefordert werden wie z.B. im Automobilbau und an Werkzeugmaschinen.

Formverfahren

Bei der Anwendung von Formverfahren wird definitionsgemäß das Profil eines Werkzeuges auf ein Werkstück übertragen, es findet dabei keine Wälzbewegung statt. Im Kegelradbereich werden mit Formverfahren fast ausschließlich gerade verzahnte Räder hergestellt.

Zu den nur noch vereinzelt praktizierten Methoden der Formverfahren gehören Verfahren, die eine ähnliche Kinematik wie das Formfräsen oder das Räumen haben. Die bekannteren werden nachfolgend kurz erläutert.

Revacycle-Verfahren

Das so genannte Revacycle-Verfahren gehört zu Einzelteilverfahren. Es kommt in der Massenfertigung von Geradzahnkegelrädern zum Einsatz. Der Radkörper ist fest eingespannt. Das Werkzeug besteht aus einer Scheibe, auf der am Umfang hintereinander immer größer werdende Zähne angeordnet sind. Durch die Drehung der Scheibe während der Bearbeitung kommen diese Zähne nacheinander in Eingriff, so dass der Prozess in seiner Wirkung mit dem Räumen vergleichbar ist. Bei jeder Umdrehung der Räumscheibe wird eine Zahnlücke aus dem Vollen fertig verzahnt. Die Räumscheibe besitzt am Umfang Schrupp- und Schlichtmesser, die nacheinander zum Einsatz kommen.

Um Zahnlücken in der ganzen Breite auszuschneiden, führt die sich drehende Räumscheibe eine Vorschubbewegung in Zahnrichtung des Werkstücks aus. Nach dem Schruppvorgang werden die Flanken durch einen Schlagzahn entgratet, dann wird die Vorschubrichtung der Räumscheibe umgekehrt und geschlichtet. Zwischen dem letztem Schlichtmesser und dem erstem Schruppmesser befindet sich am Umfang der Räumscheibe ein zahnfreies Segment. Während dieses Segment das Werkstück überstreicht, wird das Werkrad um eine Zahnlücke weitergeteilt.

Formate-Verfahren (Getauchtes Tellerrad)

Mit Hilfe des Formate-Verfahrens – auch unter dem Begriff „getauchtes Tellerrad" bekannt – sind nur Tellerräder ohne Abwälzen herstellbar. Das Übersetzungsverhältnis muss dabei größer als 2,5 sein. Verfahrensbedingt erzeugt das Verfahren kreisbogenförmige Zähne. Die zugehörigen Ritzel können nur im Wälzverfahren hergestellt werden. Ein Messerkopf mit einzelnen Formmessern schneidet eine Lücke der Tellerradverzahnung fertig Anschließend folgt wie beim Revacycle-Verfahren ein Teilvorgang und die nächste Lücke wird bearbeitet. Die Spanabnahme kann auf zwei Arten erfolgen:

- Die Messer können gestuft angeordnet werden (Räumfräser)
- Messerkopf und Werkstück bewegen sich aufeinander zu (Tauchvorschub)

Teilwälzverfahren

Zu den Teilwälzverfahren der Kegelradherstellung gehören neben dem Teilwälzfräsen die nur noch selten vertretenen Hobelverfahren, die als Einmeißelwälzhobeln bzw. als Zweimeißelwälzhobeln ausgeführt sein können.

Einmeißelwälzhobeln

Mit Hilfe dieses Verfahrens, das auch als Bilgram-Verfahren bekannt ist, sind Gerad- und Schrägzahnkegelräder, nicht jedoch bogenverzahnte Kegelräder herstellbar. Das Werkzeug ist ein geradflankiger Hobelstahl, dessen Breite kleiner ist als die schmalste Zahnlücke des Werkstücks. Der Hobelstahl wird wie in einer Waagrecht-Stoßmaschine linear hin- und herbewegt. Die Wälzbewegung wird vom Werkstück ausgeführt. Zu diesem Zweck rollt ein Kegel, dessen Achse mit dem Werkstück verbunden ist, auf der Wälzebene ab. Der Antrieb der Rollbewegung erfolgt durch einen Rollbogen mit Hilfe von Wälzbändern.

Zweimeißelwälzhobeln

Auch mit dem Zweihobelstahl-Verfahren sind nur Gerad- und Schrägzahnkegelräder herstellbar. Mit Hilfe geeigneter Zusatzeinrichtungen lassen sich auch ballige Zähne herstellen. Zwei trapezförmige Hobelstähle bearbeiten bei dieser Methode wechselweise und gegenläufig beide Flanken eines Zahnes. Die Stoßbewegung wird mit einem Kurbel- und Zahnstangentrieb erzeugt. Zur Realisierung der Wälzbewegung läuft eine Wälztrommel um, die auch das Werkzeug trägt, und die mit dem Kegelradrohling abwälzt.

Teilwälzfräsen

Ein weiteres Verfahren der Kegelradherstellung ist das Teilwälzfräsen, das auf Kegelrad-Wälzfräsmaschinen für gerade oder schräg verzahnte Kegelräder ausgeführt wird. Als Werkzeuge kommen zwei große, kammartig ineinander greifende Radial-Messerköpfe (Scheibenfräser) mit leicht auswechselbaren Messern zum Einsatz. Die Schneidkanten der Messer verkörpern dabei einen Zahn des gedachten Planrades. Bei kleinen Moduln stechen die Scheibenfräser im Tauchfräsverfahren zunächst in das stillstehende Werkstück eine Lücke ein, danach wird die Zahnlücke ausgewälzt. Im Bereich großer Moduln wird zunächst durch Tauchfräsen geschruppt und in einem weiteren Umlauf im Teilwälzverfahren geschlichtet. Ein Vorschub in Zahnlängsrichtung ist wegen der meist großen Messerkopfdurchmesser normalerweise nicht erforderlich. Die Messer der Fräswerkzeuge sind universell verwendbar. Innerhalb bestimmter Modulbereiche kommen die gleichen Messersätze zum Einsatz.

Kontinuierliche Wälzverfahren

Bei den Wälzverfahren bilden Werkzeug und Werkstück ein abwälzendes Getriebepaar. Dabei bearbeitet das Werkzeug die Flanken des gedachten Planrades, das mit dem herzustellenden Werkstück abwälzt. In der Fertigung wird meistens nur ein Zahn bzw. eine Lücke des Planrades durch das Schneidwerkzeug dargestellt. Man kann sich die Entstehung einer Kegelradflanke beim kontinuierlichen Wälzverfahren so vorstellen, dass das formgebende Rad – das Erzeugungsrad – mit einem plastisch verformbaren Werkstück abwälzt. Mit Wälzverfahren sind Kegelräder mit geraden, schrägen und gekrümmten Zahnflanken herstellbar.

Kegelschneckenfräsen-Palloidverfahren

Beim Palloidverfahren handelt es sich um ein bei Klingelnberg entwickeltes Verfahren, bei dem ein kegelschneckenförmiges Fräswerkzeug eingesetzt wird. Dieses Werkzeug wird mit seiner Achse tangential an einen wählbaren Grundkreis eingeschwenkt und dreht sich beim Fräsen um die gedachte Planradachse. Die Bearbeitung beginnt am Außendurchmesser und erzeugt eine evolventische Flankenlinie sowie eine nahezu parallele Zahnhöhe entlang der Zahnbreite. Jeder Fräser kann nur für einen bestimmten Modul und Eingriffswinkel verwendet werden. Wegen der geringen Anzahl von Fräserstollen am kleinen Werkzeugdurchmesser sind die erreichbaren Zerspanleistungen begrenzt. Bei älteren mechanischen Maschinen bedeutete auch der aufwendige und komplexe Getriebestrang eine Einschränkung der Leistungsfähigkeit. Seit Palloid-Maschinen auch CNC-gesteuert gebaut werden, erreichen sie im Hauptanwendungsgebiet bis Modul 5 mm trotz eingängigen Werkzeugs wegen der großen Schneidenzahl durchaus die Leistung von Messerkopfmaschinen.

Messerkopf-Verfahren

Die Messerkopf-Verfahren werden standardmäßig zur Weichverzahnung von Kegelrädern eingesetzt. Der im Zwanglauf mit dem zu verzahnenden Werkstück rotierende Messerkopf verkörpert mit den Schneidkanten seiner Messer ein sich im Eingriff mit diesem Werkstück permanent drehendes, ideelles Erzeugungsplanrad. Das Werkzeug, das damit einen Zahn oder eine Lücke des Erzeugerrades mit geradem Zahnhöhenprofil darstellt, muss die gleiche Relativbewegung durchführen, wie sie zwischen Erzeugerrad und Werkstück auftritt. Ist das Erzeugerrad ein Planrad, dann sind die Achsen des Messerkopfs und des gedachten Erzeugerrades parallel. Neben der Drehung des Messerkopfs um seine eigene Achse (zum Zerspanen) wird er um die Achse des Erzeugerrades geschwenkt. Gleichzeitig dreht sich das Werkstück. Das Geschwindigkeitsverhältnis zwischen Schwenkbewegung des Messerkopfes und der Drehbewegung des Werkstücks ist durch die Zähnezahlen des Werkstücks und des gedachten Erzeugerrades gegeben.

Im Falle eines getauchten Tellerrades ist das Erzeugerrad kegelig. Dann sind die Achsen von Messerkopf und Erzeugerrad nicht mehr parallel. Den Winkel zwischen den Achsen nennt man den Tiltwinkel des Werkzeugs.

Die speziellen kinematischen Verhältnisse an Kegelradfräsmaschinen verschiedener Hersteller haben dazu geführt, dass man den erzeugten Verzahnungen häufig auch den Namen des Herstellers beifügt. So spricht man von Gleason-, Klingelnberg- oder von Oerlikon-Verzahnungen. Wichtige Unterschiede zwischen dem Gleason-Verfahren einerseits sowie dem Oerlikon- bzw. Klingelnberg-Verfahren andererseits bestehen bei der Ausbildung von Flankenlinien und Zahnform.

Ein Vertreter der Messerkopfverfahren ist das Zyklo-Palloid-Verfahren der Fa. Klingelnberg. Hierbei kommen ein- und zweiteilige Stirnmesserköpfe zum Einsatz. Wichtigstes Merkmal der im Zyklo-Palloid-Verfahren erzeugten Spiralkegelradverzahnung ist der entlang der Zahnbreite parallel hohe Zahn. Deshalb ist die Zyklo-Palloid-Verzahnung unempfindlich gegenüber Einbaumaßabweichungen. Zweiteilige Stirnmesserköpfe haben zwei ineinander geschachtelte Messerkopfteile. Ein Messerkopfteil trägt innen schneidende, der andere außen schneidende Flankenmesser. Beide Teile werden synchron und winkelgetreu angetrieben, haben aber unterschiedliche Drehachsen. Der Abstand bzw. die Exzentrizität der Messerkopfteile sind begrenzt stufenlos einstellbar. Die Exzentrizität bewirkt, dass der wirksame Flugkreisradius des Außenmesserkopfes um den Betrag der Exzentrizität größer ist als der Flugkreisradius des Innenmesserkopfes. Dadurch ergeben sich Krümmungsunterschiede zwischen den konvexen und konkaven Flanken des Werkstücks. Durch Veränderung der Exzentrizität kann damit das Tragverhalten einer Kegelradpaarung beeinflusst werden.

Maschinen

Die in der Industrie noch immer häufig eingesetzten Maschinen zur Herstellung von Kegelrädern im kontinuierlichen Verfahren sind Kegelradfräsmaschinen, wie sie in **Bild 5-3** dargestellt sind. An der Herstellung der Flanken sind drei wesentliche Elemente durch einander zugeordnete Bewegungen beteiligt, die Wälztrommel, der Messerkopf und das Werkrad.

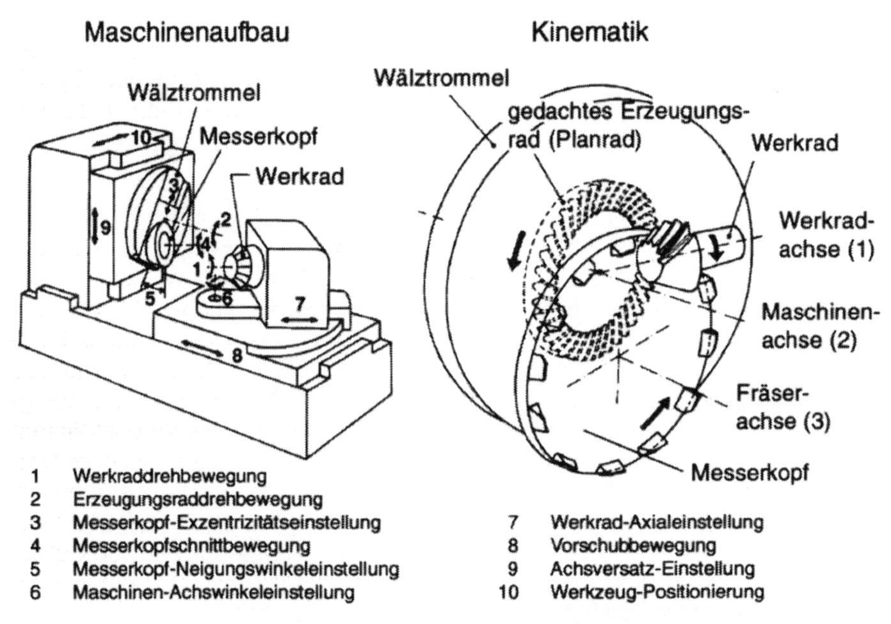

Bild 5-3: Messerkopffräsen /WEC-88/

Die kinematische Grundlage für den Herstellungsprozess von Kegelrädern ist das Abwälzen von Erzeugungsrad mit dem Werkstück. Durch die Drehung der Wälztrommel, deren Achse identisch mit der des Erzeugungsrades ist, wird die Drehbewegung des imaginären Erzeugungsrades realisiert.

Der Messerkopf führt die eigentliche Schnittbewegung aus. Die Bahn der Messer im Eingriffsbereich zwischen Werkstück und Messerkopf beschreibt einen Zahn des Erzeugungsrades. Die Drehachse des Messerkopfs liegt exzentrisch und nicht immer parallel zur Drehachse der Wälztrommel. Während des Zerspanprozesses wird sowohl die Fräserachse als auch die Erzeugungsachse gedreht. Die Werkraddrehung setzt sich zusammen aus dem Übersetzungsverhältnis Werkrad-Erzeugungsrad und einer Relativbewegung, die die Wälztrommeldrehung berücksichtigt.

Mit dem Vordringen der CNC-Technik sind Maschinenkonzepte entstanden, die im mechanischen Aufbau einfacher gestaltet und in ihrer Anwendung flexibler sind. Diese Maschinen haben keine Wälztrommel mehr, arbeiten aber ebenso mit Messerköpfen als Werkzeug. Die komplexen Relativbewegungen zwischen Werkzeug und Werkstück werden ausschließlich mit Hilfe anspruchsvoller Steuerungs- und Antriebstechnik realisiert.

Auf solchen modernen CNC-Maschinen sind alle bekannten Verfahren (Teilverfahren, kontinuierliches Verfahren) und Zahnformen (Kreisbogen, Zykloide) herstellbar, sofern geeignete Werkzeuge eingesetzt werden. Dies war mit mechanischen Maschinen nicht möglich.

Werkzeuge

Bei den Messerköpfen, die als Werkzeuge zur Kegelradherstellung verwendet werden, handelt es sich um Aufnahmen, in denen eine Reihe von Messern gespannt werden können. Die Messer werden einzeln auf zwei oder drei Seiten geschliffen und in speziellen Einstellvorrichtungen auf die optimale Lage im Messerkopf eingestellt. Jedes Messer übernimmt während des Kegelradverzahnens einen bestimmten, in der Verfahrensplanung festgelegten Zerspananteil. Meist bildet ein Satz von mehreren Messern gemeinsam die Zahnflanke aus. Es ist üblich, Sätze von Messern mehrfach auf dem Umfang eines Messerkopfes anzuordnen. So können während des Zerspanvorganges hintereinander folgende Zahnlücken des Werkstücks bearbeitet werden. Man spricht in diesem Fall von mehrgängigen Werkzeugen. Das Schärfen und die Einstellung der Messer erfolgt im Zusammenhang mit der theoretischen Verzahnungsauslegung in der Regel rechnerunterstützt.

Man unterscheidet grundsätzlich Formmesser und Stabmesser unabhängig davon, ob Teil- oder kontinuierliche Verfahren ablaufen. Formmesser bestehen immer aus Schnellstahl, Stabmesser können auch aus Hartmetall hergestellt sein. Stabmesser haben eine geringere Ausdehnung in Umfangsrichtung. Dadurch können mehr Messer am Umfang untergebracht werden. Im Gegensatz zu den Formmessern müssen Stabmesser jedoch nach Standzeitende jedes Mal komplett neu profiliert werden. Deshalb werden Stabmesser ausschließlich in der Großserienfertigung eingesetzt, wo durch die größere Messeranzahl kürzere Verzahnzeiten erreicht werden.

5.2 Hartbearbeitung

5.2.1 Läppen

Läppen ist ein Verfahren mit geometrisch unbestimmter Schneide. Es dient dazu, die Oberfläche der Zahnflanke und damit das Geräuschverhalten und das Tragbild zu verbessern. Das Läppmittel, das aus feinen, in Öl aufgeschwemmten Korundkörnern besteht, wird in den Zahneingriff der miteinander abwälzenden Kegelräder gegeben. Dabei können drei voneinander unabhängige, in ihrem Betrag sowohl für die konkave und konvexe Flanke als auch für den Fuß der Zähne getrennt einstellbare Läppzusatzbewegungen realisiert werden.

In der Regel wird die Ritzelspindel motorisch angetrieben, während die Radspindel mit einem stufenlos einstellbaren Läppdruckmotor gekoppelt wird. Dieser Motor bzw. Generator erzeugt in beiden Drehrichtungen ein einstellbares beschleunigendes oder bremsendes Läppmoment. So werden bei gleich bleibender Drehrichtung jeweils Zug- oder Schubflanken zur Anlage gebracht.

Bei kreisbogenverzahnten Kegelrädern ist die Erreichung eines gewünschten Flankenspiels problematisch, bei spiralverzahnten Rädern ist definiertes Flankenspiel überhaupt nicht zu verwirklichen. Deshalb ist Kegelradläppen für die Erzeugung definierter Flankenkorrekturen und hoher Oberflächengüten ein wichtiges Feinbearbeitungsverfahren. **Bild 5-4** zeigt die Kinematik des Verfahrens und einen Blick in den Arbeitsraum einer Läppmaschine.

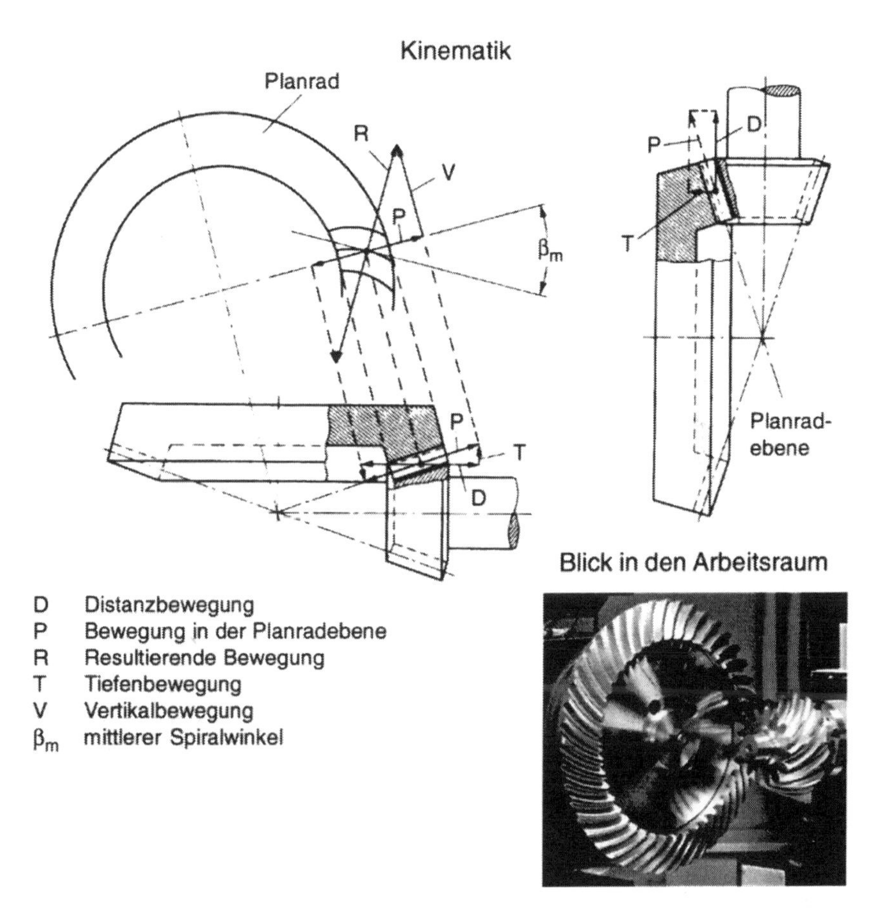

Bild 5-4: Kegelradläppen /WEC-88/

5.2.2 Schleifen

Das Schleifen von Kegelrädern kann nicht im kontinuierlichen Verfahren erfolgen. Ist ein Zahn ausgewälzt, wird die Schleifscheibe zurückgezogen, das Werkstück weitergeteilt, die Schleifscheibe wieder vorgeschoben und der Wälzvorgang beginnt erneut.

Das Wälzen mit der Schleifscheibe stellt den gleichen Vorgang dar wie das Wälzen mit dem Herstellungsplanrad. Während des Schleifprozesses wälzt die Werkstückspindel gleichzeitig mit einer Wiege, auf der die Schleifspindel sitzt. Die notwendigen Bewegungen und ihre Verknüpfungen laufen nach vorher exakt ermittelten theoretisch berechneten Maschineneinstelldaten ab.

Beim gleichzeitigen Schleifen rechter und linker Zahnflanken lassen sich verschiedene Längsballigkeiten durch Schwenken des Schleifkopfs erzeugen. Höhenballigkeiten sind durch Profilierung der Schleifscheibe erreichbar. Mit Hilfe eines Doppelschleifkopfes können beide Flanken einer Zahnlücke nacheinander in einer Aufspannung geschliffen werden. Durch den kontinuierlichen Eingriff in das Zahnprofil entsteht als Ergebnis des Schleifvorganges eine sehr feine Oberfläche. Längsballigkeiten werden in diesem Fall durch eine Anpassung der Schleifscheibendurchmesser erzielt.

Schleifwerkzeuge

Als Werkzeuge für das Kegelradschleifen sind für unterschiedliche Anforderungen verschiedene Arten von Topfscheiben im Einsatz. Konventionelle Edelkorundschleifscheiben bieten eine hohe Flexibilität bei geringen Werkzeugkosten. Alle Profilmodifikationen können durch CNC-gesteuertes Abrichten in die Schleifscheibe eingebracht werden. Keramische Schleifscheiben mit gesintertem Aluminiumoxid besitzen die gleiche Flexibilität wie konventionelle Edelkorundschleifscheiben, aber eine wesentlich höhere Schleifleistung. Sie werden deshalb dann eingesetzt, wenn hohe Flexibilität und kurze Bearbeitungszeiten gefragt sind. Für kurze Bearbeitungszeiten werden bevorzugt keramisch gebundene CBN-Schleifscheiben eingesetzt. Hierbei gibt es aber nur begrenzte Möglichkeiten, Profilmodifikationen unter Verwendung der integrierten CNC-Abrichteinheit durchzuführen. Die kürzesten Schleifzeiten sind mit einschichtig galvanisch belegten CBN-Schleifscheiben erzielbar. Die Anwendung dieser Werkzeuge erfolgt vorwiegend in der Großserie.

5.2.3 HPG-Verfahren

Das HPG-Verfahren ist ein Verzahnverfahren mit geometrisch bestimmter Schneide für gehärtete Kegelräder. Es wird auf denselben Kegelradfräsmaschinen angewendet, die auch für die Weichbearbeitung eingesetzt werden. Der Unterschied besteht in der Werkzeugtechnik. Beim HPG-Verfahren werden Stabmesser aus Hartmetall eingesetzt.

5.2.4 HPG-S-Verfahren

Das HPG-S-Verfahren ist eine Weiterentwicklung des HPG-Verfahrens. Der Unterschied liegt erneut nur im Werkzeug. Im Falle des HPG-S-Werkzeugs werden auf einen Werkzeugträger aus Hartmetall Schneidleisten aus polykristallinem kubischem Bornitrid (CBN) aufgelötet. Die extrem harte, äußerst verschleißfeste Schneidleiste bildet neben der eigentlichen Schneide auch die Werkzeugfreifläche.

6 Messen und Prüfen von Verzahnungen

6.1 Grundlagen

Moderne Prüfverfahren für Verzahnungen messen nicht nur die Qualität gefertigter Verzahnungen. Man nützt messtechnisch erfasste Abweichungen auch, um über die Veränderung von Maschineneinstellungen die Fertigungsqualität zu erhöhen oder die Verzahnungsauslegung zu optimieren. Deshalb wird die Messtechnik für Verzahnungen zumindest im Bereich der Geometriemessung mehr und mehr an die Verzahnungsberechnung sowie an die Auslegung und die Fertigung der Zahnräder gekoppelt. Damit wird der Schritt zu einer fertigungsintegrierten Messtechnik vollzogen.

Die Notwendigkeit, Prüfverfahren in der Getriebeherstellung einzusetzen, ergibt sich einerseits aus technologischen Erfordernissen, um eine Rückkopplung zwischen dem gefertigten Getriebe und der Verzahnung zu ermöglichen und gegebenenfalls eine Optimierung der Auslegung der Verzahnung oder eine Korrektur der Maschineneinstellparameter durchführen zu können. Andererseits wird in zunehmendem Maße verlangt, den Kunden die gefertigte Verzahnungsqualität und die Funktionstüchtigkeit eines Getriebes nachzuweisen. Mit der Einführung des Produkthaftungsgesetzes und der Europäisierung des Marktes gewinnt dieser Aspekt zunehmend an Bedeutung.

An Verzahnungen kann eine Vielzahl möglicher Abweichungen auftreten, die negative Auswirkungen auf Verschleißfestigkeit, Schwingungsverhalten und auf das Geräusch des Getriebes haben können. Zudem steigen die Anforderungen an Zahnradgetriebe bezüglich übertragbarer Leistung, Übertragungstreue und Laufruhe ständig an.

Auf **Bild 6-1** sind die Merkmale, Verfahren und Geräte für die Verzahnungsprüfung zusammengefasst. Dabei ist generell zwischen Geometrieprüfverfahren und Funktionsprüfverfahren unterschieden, die beide zur Beurteilung von Verzahnungen und Verzahnungspaarungen eingesetzt werden.

Beide Gruppen von Prüfverfahren können mit zwei Zielen eingesetzt werden:

- Es kann eine Prüfung zum Nachweis einer bestimmten Qualitätseigenschaft erfolgen. Hierbei kann entweder die Dokumentation geometrischer Abweichungen der Verzahnung oder von Abweichungen der Bewegungsübertragung bzw. der Lastverteilung auf den Zahnflanken im Vordergrund stehen.
- Der systematische Einsatz der Verzahnungsprüfung erlaubt auch eine statistisch geführte Prüfschärfesteuerung.

Merkmale	Prüfverfahren	Prüfgeräte
Geometrie **punktbezogen** • Teilung • Rundlauf • Zahndicke **linienbezogen** • Profil • Flankenlinie • Korrekturen **flächenbezogen** • Topographie	**Geometriemessung** Maß Lage Richtung Form (Welligkeit) (Rauheit)	Lehren mechanische Verzahnungs-Meßgeräte CNC-Verzahnungsmeßgeräte 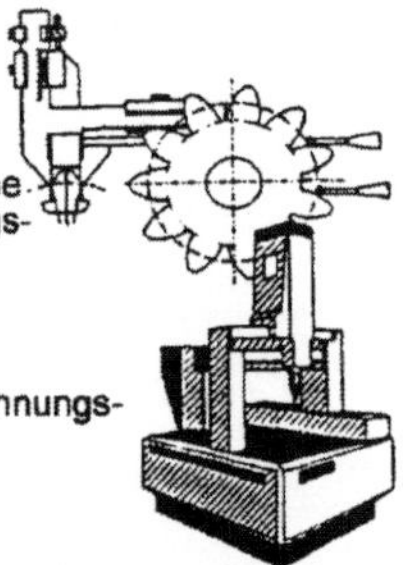 Universal-Koordinatenmeßgeräte
Funktion **Übertragungsverhalten** • Übertragungsfunktion • Achsabstand **Lastverteilung** • Tragbild **Leistung / Emission** • Geräusch • Wirkungsgrad	**Funktionsprüfung** Einflankenwälzprüfung Zweiflankenwälzprüfung Tragbildtest Tragbildthermografie Luftschall / Körperschall Leistungsmessung	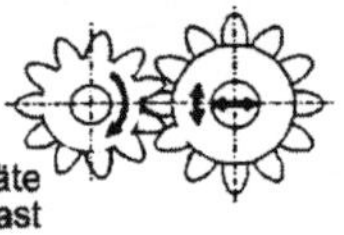 Wälzprüfgeräte lastfrei/Meßlast Wälztester lastfrei/Betriebslast 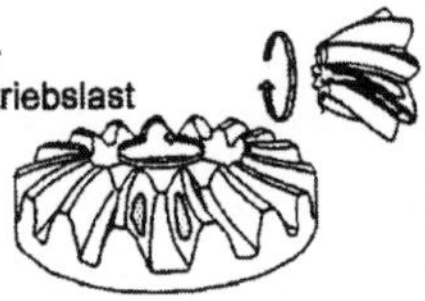 Wälzprüfstände
Material Härte Gefüge Steifigkeit	**Materialprüfung** zerstörende / zerstörungsfreie Prüfverfahren	Härteprüfgeräte Raster-Elektronenmikroskop Wälzprüfstände

Bild 6-1: Merkmale, Verfahren und Geräte für die Verzahnungsprüfung /VDI-93/

Die Ursache für die unzureichende Erfüllung von Funktionsmerkmalen eines Zahnrades oder einer Zahnradpaarung sind Einzelabweichungen der Verzahnung. Nur exakte Teilungen und korrekte Evolventen übertragen z.B. bei Stirnradverzahnungen einwandfreie Drehbewegungen mit konstanter Winkelgeschwindigkeit. Da bei der Messung geometrischer Merkmale nicht die gesamte funktionsrelevante Oberfläche von Zahnflanken erfasst werden kann, sind bestimmte für die Charakterisierung der gesamten Oberfläche geeignete Merkmale definiert worden. Es handelt sich dabei um Merkmale wie die Kreisteilung, die Profillinie und die Flankenlinie bei Stirnrädern und bei gerade verzahnten Kegelrädern.

Darüber hinaus wurden an Verzahnungen verschiedene Steigungs- und Teilungsmerkmale definiert wie z.B. die Flankenliniensteigung und die Axialteilung bei Zylinderschnecken, oder die Eingriffsteilung bei Stirnradverzahnungen, um Bestimmungsgrößen zu erhalten, mit denen die Geometrie eines Zahnrads eindeutig charakterisiert werden kann. Diese Merkmale zeichnen sich dadurch aus, dass sie typischerweise in einer Vorzugsebene definiert und auf einen Punkt (Teilung, Zahndicke) oder auf eine Schnittlinie (Profil, Flankenlinie) bezogen sind. In den letzten Jahren hat sich auch die Prüfung flächenhaft ausgeprägter Merkmale bei der Verzahnungsprüfung etabliert. Die Messung so genannter topographischer Merkmale wurde erst mit der Einführung von Koordinatenmessgeräten in der Verzahnungsprüfung möglich.

Wichtige Parameter, die als Qualitätskenngrößen gemessen oder geprüft werden, sind auf **Bild 6-2** zusammengestellt. Unter Messen versteht man die Ermittlung eines Absolutmaßes. An Verzahnungen können Eingriffsteilung, Zahnweite, Zahndicke und Zahnlückenweite gemessen werden. Beim Prüfen stellt man fest, ob ein Prüfgegenstand eine oder mehrere vorgeschriebene Bedingungen erfüllt. An Zahnrädern werden geprüft: Kreisteilung, Verzahnungsrundlauf, Profil, Flankenlinie und Erzeugende, sowie Laufeigenschaften mit Hilfe der Einflanken- und der Zweiflanken-Wälzung.

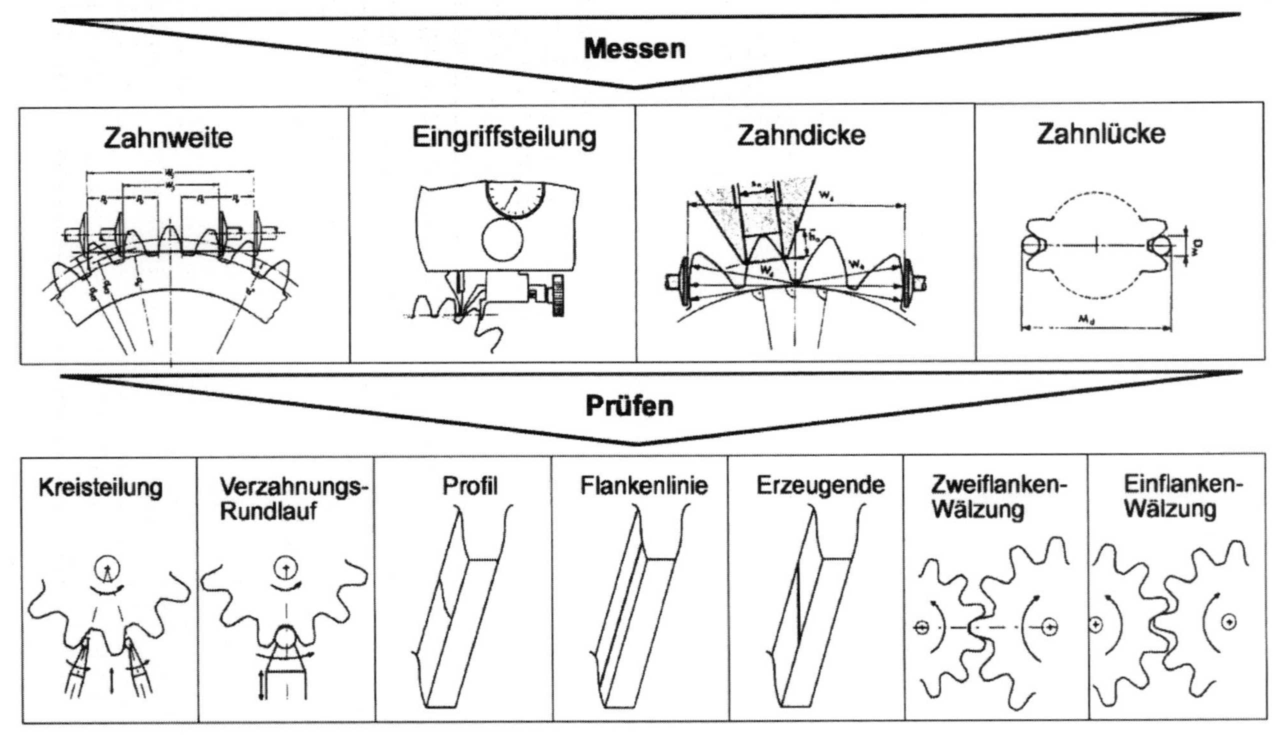

Bild 6-2: Messen und Prüfen von Verzahnungen

Grundlage für das Messen und Prüfen von Verzahnungen sind DIN-Normen bzw. VDI/VDE- Richtlinien. Solche Regelwerke gibt es für praktisch alle Verzahnungsparameter. Beim Messen und Prüfen von Zahnrädern wird zwischen Einzelabweichungen und Sammelabweichungen unterschieden. Einzelabweichungen sind Abweichungen einzelner Bestimmungsgrößen von Verzahnungen wie Zahndicke, Eingriffsteilung, Kreisteilung, Rundlauf, Profil, Flankenlinie und Erzeugende. Sammelabweichungen sind Auswirkungen mehrerer Einzelabweichungen auf das Gesamtergebnis. Diese Auswirkungen lassen sich mit der Ein- und Zweiflankenwälzprüfung, in der Tragbildprüfung und im Geräuschverhalten feststellen.

Für die Abweichungen sind zulässige Toleranzen nach DIN in 12 Klassen eingeteilt. Es gibt weitere Normen wie z.B. von ISO und AGMA, die sich zum Teil nur geringfügig von DIN unterscheiden.

Für eine Qualitätsbeurteilung muss der Prüfer in erster Linie die Abweichung vom Sollzustand kennen. Daraus lässt sich dann eine Aussage treffen, wie die Abweichungen die Laufeigenschaften der Zahnräder und die Qualität des Getriebes beeinflussen. Als Konsequenz kann daraus eine zulässige Ungenauigkeit festgelegt werden, um eine dem Verwendungszweck angemessene Güte zu erreichen.

6.2 Abweichungen der Bezugs- und Lagerflächen

Für die Herstellung von Verzahnungen mit hoher Qualität ist schon die eng tolerierte Aufspannung von Werkstück und Werkzeug von großer Bedeutung. So muss das unverzahnte Rohteil hinsichtlich definierter Bezugsflächen enge Toleranzen aufweisen. Die Radachse muss sowohl in der Verzahnmaschine als auch später im Prüfgerät sauber zentriert sein. Die zulässigen Toleranzen für die Rundlauf- und Planlaufabweichung sind sehr eng.

Unter Rundlaufabweichung der zylindrischen Bezugsfläche versteht man die während einer Umdrehung des Prüflings gemessene Gesamtabweichung. Die Planlaufabweichung der stirnseitigen Bezugsfläche ist definiert als die während einer Prüflingsumdrehung gemessene Gesamtabweichung.

6.3 Teilungsabweichungen

Es gibt zwei Arten von Teilungsabweichungen, die auf **Bild 6-3** dargestellt sind. Eingriffsteilungsabweichungen werden auf der Eingriffslinie, also auf der Tangente an den Grundzylinder gemessen. Demgegenüber wird die Kreisteilungsabweichung auf dem Teilzylinder oder einem ihm nahen zur Radachse koaxialen Zylinder gemessen. Dabei kann die Abweichung zwischen zwei benachbarten Zähnen, über mehrere Zähne oder über alle Zähne eines Zahnrades gemessen werden.

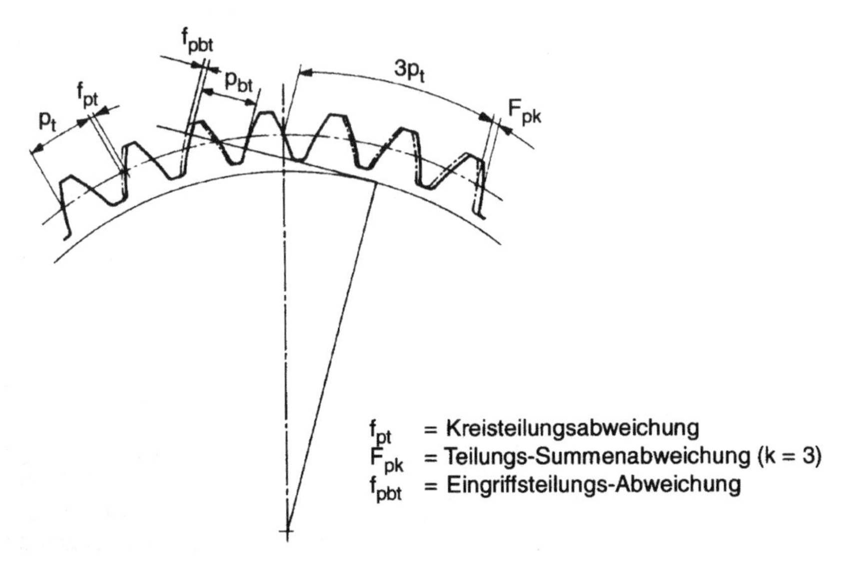

Bild 6-3: Definition der Teilungsabweichung in Stirnebene /MAA-85/

Zur Ermittlung von Teilungsabweichungen wurden für beide oben beschriebenen Varianten unterschiedliche Geräte – Kreisteilungsprüfgeräte und Eingriffsteilungsprüfgeräte – entwickelt. Beide Arten von Teilungsabweichungen können auch auf modernen Mehrkoordinaten-Messmaschinen erfasst werden.

6.3.1 Kreisteilungsprüfgeräte

Bei den auf die Erfassung von Kreisteilungsabweichungen spezialisierten Geräten unterscheidet man zwischen Geräten mit Winkelnormal und solchen, die eine Vergleichsmessung durchführen.

Bei den Geräten mit Winkelnormal kann mit dem Winkelnormal die Sollteilung eingestellt und mit einem Wegaufnehmer die Teilungsabweichung ermittelt werden. Eine weitere Möglichkeit besteht darin, dass ein Nullindikator zur Orientierung des Prüflings verwendet wird und die Winkelabweichung einzelner Zähne mit dem Winkelnormal gemessen wird. Beide Varianten vermeiden das Aufsummieren von Messfehlern bei der Ermittlung von Summen- und Gesamtabweichung. Mit größerem Teilkreisdurchmesser des Prüflings vergrößert sich allerdings die Messunsicherheit.

Bei Geräten zur Vergleichsteilungsprüfung wird der Prüfling über eine einstellbare Rutschkupplung angetrieben. Der Messschlitten fährt zur Teilungsprüfung radial in eine Zahnlücke ein, ein Anschlag stoppt das Zahnrad und der Messwert wird von einem Messtaster in einer benachbarten Zahnlücke aufgenommen.

6.3.2 Eingriffsteilungsprüfgeräte

Bei speziellen Eingriffsteilungsgeräten unterscheidet man zwischen Standgeräten, zu denen die Prüflinge hintransportiert werden, und Handgeräten, die in der Maschine am eingespannten Werkstück zur Anwendung kommen. Stationäre Geräte prüfen die Eingriffsteilung mit zwei parallelen Messschneiden auf einem Tangentialschlitten.

6.3.3 Teilungsmessung mit Koordinatenmessgeräten

Die Kreisteilung an Zahnrädern ist mit Mehrkoordinaten-Messgeräten ohne weiteres messbar. Die Messung erfolgt je nach Ausrüstung des Koordinaten-Messgerätes mit oder ohne Rundtisch, der Art des Tastsystems und der gewählten Messstrategie unterschiedlich. Als Tastelemente werden auf Koordinatenmessgeräten in der Regel Kugeln eingesetzt, die entweder an einer Flanke anliegen oder beide Flanken berühren können. Die bei Zweiflankenanlage möglichen Abweichungen zwischen Antastdurchmesser und Bezugsdurchmesser (z.B. Teilkreis) sind rechnerisch eliminierbar. Die zusätzliche Überlagerung durch Profilabweichungen und Rauhigkeiten führen im Vergleich zum definitionsgemäßen Antasten allerdings zu unterschiedlichen Messergebnissen.

Die Messung von Kreisteilungsabweichungen erfolgt an Messmaschinen mit Rundtisch so, dass ähnlich wie bei konventionellen Geräten ein Vergleich mit einem Winkelnormal durchgeführt wird. Dieses Normal wird aber nun vom Winkelmesssystem des Rundtisches geliefert. Bei Maschinen ohne Rundtisch werden die Messpunkte im kartesischen Koordinatensystem ermittelt und durch den angeschlossenen Rechner in Polar-Koordinaten umgerechnet.

Bei der Prüfung der Eingriffsteilung auf Mehrkoordinaten-Messgeräten wird das Tastelement in jeweils aufeinander folgenden Zahnlücken auf zwei unterschiedliche Messradien positioniert. Die Tasterpositionen werden dabei aus der Sollgeometrie des Prüflings abgeleitet und im angekoppelten Rechner ermittelt.

Anhand eines Messprotokolls einer Kreisteilungsmessung, wie es auf **Bild 6-4** dargestellt ist, werden die wesentlichen Begriffe und Messparameter zusammenfassend erläutert. Das vermessene Zahnrad hat 18 Zähne. Die

Kreisteilungsabweichungen wurden jeweils auf dem Teilkreis gemessen. In die Messwerte gehen auch die Auswirkungen der Außermittigkeit der Verzahnung sowie eventuelle von Zahn zu Zahn veränderliche Profilabweichungen ein.

Teilungseinzelabweichung (a)

Eine Teilungseinzelabweichung f_p ist der Unterschied zwischen dem Ist-Maß und dem Nenn-Maß einer Stirnteilung der Rechts- bzw. der Linksflanken. An einem Zahnrad mit 18 Zähnen gibt es 18 Teilungseinzelabweichungen der Rechtsflanken und ebenso viele der Linksflanken. Die Abweichungen f_p sind die Unterschiede zwischen den Einzelmesswerten und dem Mittelwert aller 18 Messwerte oder anders ausgedrückt, die Summe aller Teilungseinzelabweichungen ist Null.

Teilungssprünge (b)

Der Teilungssprung f_u ist der vorzeichenfreie Unterschied zwischen den Ist-Maßen zweier am Zahnrad aufeinander folgenden Stirnteilungen der Rechts- oder Linksflanken. Der Teilungssprung muss also die Lage dreier benachbarter gleichnamiger Flanken zueinander berücksichtigen. Der Teilungssprung ist unmittelbar aus den Messwerten der Teilungseinzelabweichungen (a) ermittelbar.

Teilungssummenabweichung (c)

Die Teilungssummenabweichung wird über eine bestimmte Zahl von Teilungen, üblicherweise für ein ganzes Zahnrad gemessen. Die größte Summenabweichung über drei Teilungen nennt man z.B. F_{p3}. Die größte Teilungssummenabweichung der Rechts- oder Linksflanken am gesamten Zahnrad heißt Teilungsgesamtabweichung F_p. Die Teilungsgesamtabweichung wird ohne Vorzeichen angegeben und ergibt sich aus den Teilungssummenabweichungen als Differenz zwischen dem algebraisch größten und kleinsten Wert. Die Teilungssummenabweichung kann direkt aus den Werten von Diagramm (a) ermittelt werden.

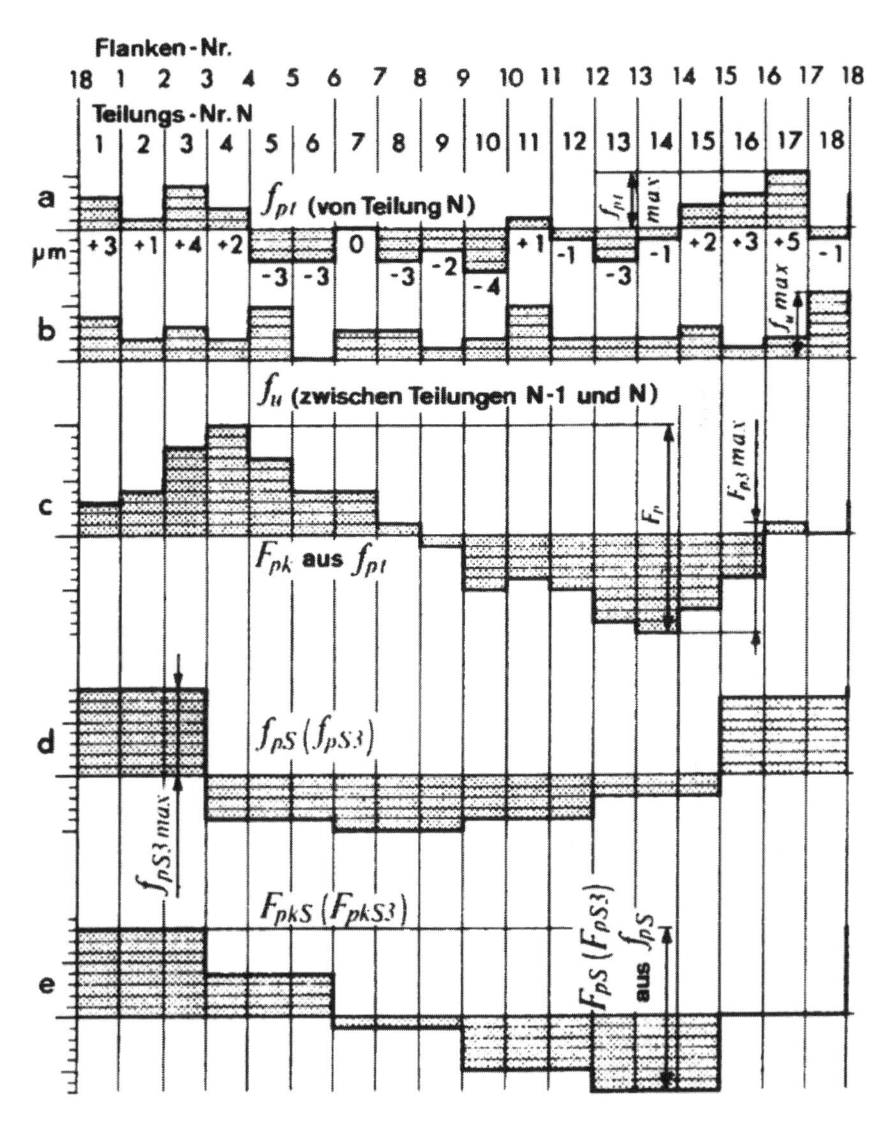

Bild 6-4: Messprotokoll einer Teilungsmessung /MAA-85/

Teilungsspannenabweichung (d)

Bei der Ermittlung der Teilungsspannenabweichung werden anstelle der Teilungseinzelabweichungen Abweichungen f_{pS} von Teilungsspannen über jeweils S Einzelteilungen gemessen. In **Bild 6-4** sind als Beispiel Gruppen von jeweils 3 Einzelteilungen gebildet, und zwar sind die Einzelteilungen 1/2/3, 4/5/6, 7/8/9 usw. jeweils zu einer Gruppe zusammengefasst. Der Summe der Teilungseinzelabweichungen (a) jeder Gruppe wird betrachtet und vorzeichenrichtig über dem Gesamtmittelwert aufgetragen. Auch hier ist die Gesamtsumme der eingetragenen Werte gleich Null. Nach Festlegung der Spannweite können die Diagrammwerte direkt aus den Werten von Diagramm (a) ermittelt werden.

Teilungsspannensummenabweichung (e)

Die Teilungsspannensummenabweichung F_{pkS} entsteht aus der Teilungsspannenabweichung (d) auf die gleiche Weise wie die Teilungssummenabweichung (c) aus den Teilungseinzelabweichungen (a). Auch hier werden die vorher als einzelne Größen relativ zum Mittelwert aufgetragenen Werte als Wertdifferenzen unmittelbar hintereinander aufgetragen. Die Differenz zwischen Maximalwert und Minimalwert wird als Teilungsspannengesamtabweichung F_{pS} bezeichnet.

6.4 Flankenabweichungen

Neben den Teilungsabweichungen sind vor allem die Flankenabweichungen an Zahnrädern von großem Interesse und für die Qualitätsbeurteilung von Verzahnungen entscheidend wichtig. Auf **Bild 6-5** sind Flankenabweichungen in ihrer prinzipiellen Form gegenübergestellt. Flankenabweichungen sind definiert als die im Stirnschnitt innerhalb des Prüfbereichs vorhandenen Abweichungen der Zahnflankenflächen von den Evolventenschraubenflächen des Nenngrundzylinders unter Berücksichtigung der gewollten Profil- und Flankenlinienkorrekturen. Im Prüfbild der meisten Flankenprüfgeräte erscheinen sowohl Nennevolvente als auch Nennflankenlinie als Gerade. Flankenabweichungen werden unterteilt in Profilabweichungen, Flankenlinienabweichungen und Abweichungen der Erzeugenden.

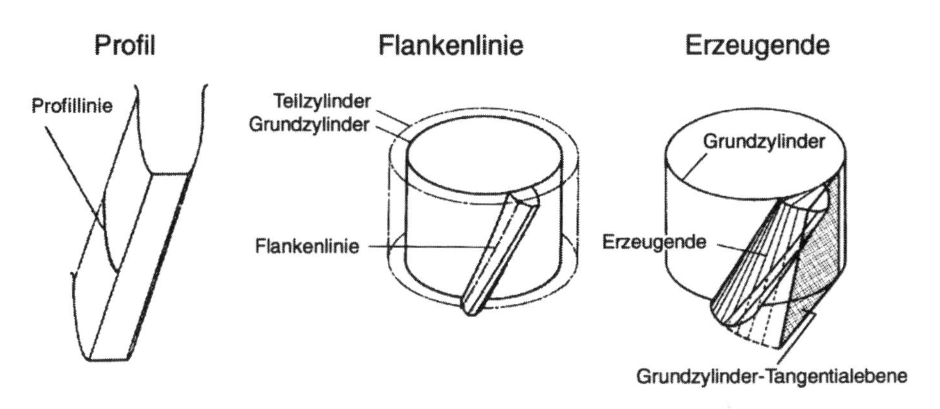

Bild 6-5: Flankenabweichung /MAA-85/

Anhand von **Bild 6-6** werden die wesentlichen Abweichungen der Flankenlinien noch einmal grafisch dargestellt. Das Bild zeigt eine gemessene Flankenlinienabweichung, die in den verschiedenen Spalten des Bildes einmal als Profilabweichung, dann als Flankenlinienabweichung und schließlich als Abweichung der Erzeugenden interpretiert wird. Die Prüfungen erfolgen meist an vier am Rad gleichmäßig verteilten Rechts- oder Linksflanken. Üblicherweise wird dabei eine Zahnflanke vom Zahnfuß zum Zahnkopf hin abgetastet.

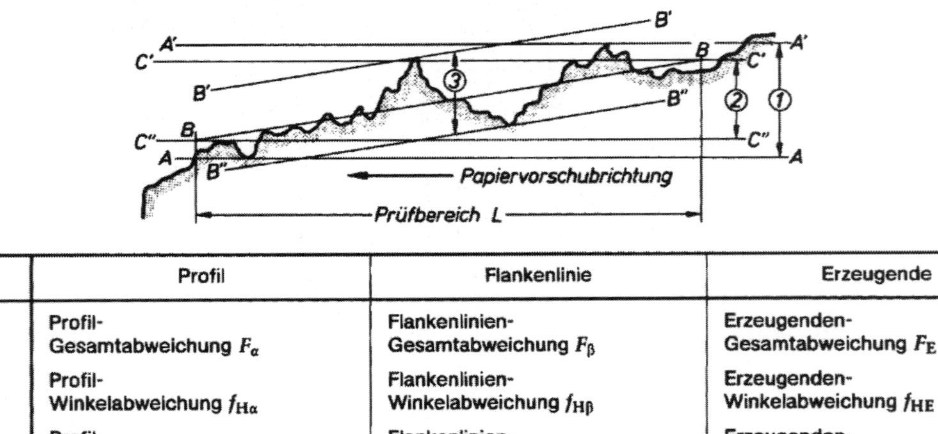

	Profil	Flankenlinie	Erzeugende
①	Profil-Gesamtabweichung F_α	Flankenlinien-Gesamtabweichung F_β	Erzeugenden-Gesamtabweichung F_E
②	Profil-Winkelabweichung $f_{H\alpha}$	Flankenlinien-Winkelabweichung $f_{H\beta}$	Erzeugenden-Winkelabweichung f_{HE}
③	Profil-Formabweichung $f_{f\alpha}$	Flankenlinien-Formabweichung $f_{f\beta}$	Erzeugenden-Formabweichung f_{fE}
Prüfbereich	Profil-Prüfbereich L_α	Flankenlinien-Prüfbereich L_β	Erzeugenden-Prüfbereich L_E
BB	vermittelndes Ist-Profil	vermittelnde Ist-Flankenlinie	vermittelnde Ist-Erzeugende
AA, A'A'	Nenn-Profile welche die Ist-Flanke einhüllen	Nenn-Flankenlinien	Nenn-Erzeugende
B'B', B''B''	Ist-Profile welche die Ist–Flanke einhüllen	Ist-Schraubenlinien	Ist-Erzeugende
C'C', C''C''	Nenn-Profile welche die Ist-Erzeugenden bzw. Flankenlinien am Anfangs- bzw. Endpunkt des Prüfbereichs schneiden	Nenn-Flankenlinien	Nenn-Erzeugende

Bild 6-6: Definition der Flankenabweichung /DIN 3960/

6.4.1 Profilabweichungen

Profilabweichungen eines Zahnrades sind die innerhalb des Auswertebereichs und senkrecht zur Evolvente, d.h. in Grundzylindertangentialebene gemessene Abweichungen von der idealen Evolvente. Sie werden immer auf den Stirnschnitt bezogen, da nur im Stirnschnitt die theoretisch richtige Evolvente entsteht. Der Mindestprüfbereich ist die Eingriffsstrecke bei der Paarung Rad/Gegenrad. Abweichungen vom Sollstirnprofil werden dargestellt als:

- Profil-Gesamtabweichung F_α
- Profil-Formabweichung $f_{f\alpha}$
- Profil-Winkelabweichung $f_{H\alpha}$

Die Prüfung eines Zahnprofils erfolgt prinzipiell durch den unmittelbaren Vergleich mit dem Profil eines Lehrzahnrades (Meisterrad) oder mit Hilfe eines Projektionsverfahrens. Beim Vergleich mit einem Meisterrad können dessen bekannte Profilabweichungen für die Messung berücksichtigt werden. Die Abweichungen zwischen Lehrzahnrad und Prüfrad werden mittels mechanischen oder elektrischen Wegaufnehmers angezeigt. Bei Einsatz des Projektionsverfahrens wird die Zahnform auf einem Profilprojektor in vergrößertem Maßstab betrachtet und mit der aufgezeichneten theoretisch richtigen Evolvente verglichen.

Zur Messung der Profilabweichungen wurden vor der Zeit der Mehrkoordinatenmessgeräte elektromechanische Geräte eingesetzt, die darauf beruhten, dass der Prüfling mit seinem Grundkreis auf feststehenden Linealen abwälzt. Der Grundkreis war dabei entweder als austauschbare Scheibe realisiert oder mit Hilfe von Hebelübersetzungen einstellbar, um unterschiedliche Verzahnungen messen zu können.

Ein weiteres Prinzip besteht in der Anwendung von Geräten mit elektronischem Vergleichsgetriebe. Bei diesen Geräten werden zum Messen der Dreh- und Längsbewegungen ein Winkel- und ein Längenschrittgeber sowie ein Wegaufnehmer zum Antasten der Zahnflanke verwendet.

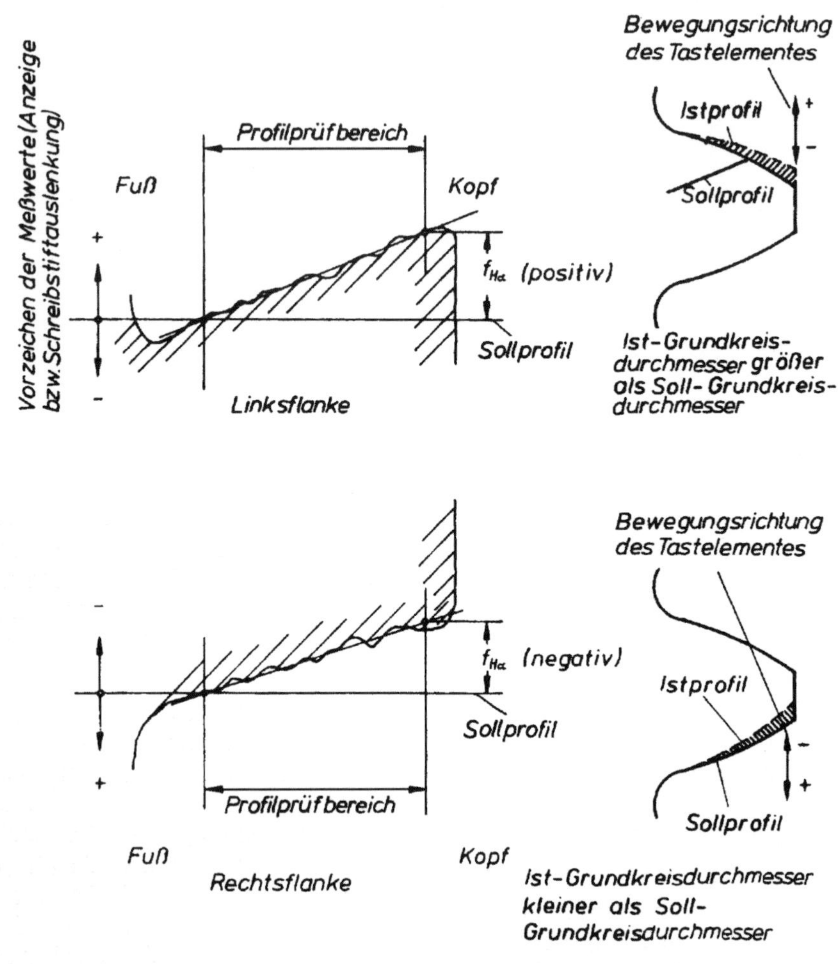

Bild 6-7: Profilwinkelabweichung /VDI-2612/

Ein Rechner vergleicht die gemessene Ist-Drehbewegung des Prüflings mit der Ist-Längsbewegung des Tangentialschlittens. Die Messwerte werden vom Rechner weiterverarbeitet und die Abweichungen als Diagramm aufgezeichnet. Auf **Bild 6-7** ist beispielhaft das Messprotokoll einer Profilwinkelabweichung gezeigt. Das Bild zeigt die positive bzw. negative Profilwinkelabweichung $f_{H\alpha}$ einer linken bzw. einer rechten Zahnflanke. Dabei ist zu beachten, dass die Bewegungsrichtung des Tastelementes in Richtung der werkstofffreien Seite immer als positiv angesehen wird. Im gleichen Sinne muss auch das Vorzeichen der Anzeige und des Schreibstiftausschlages festgelegt werden.

6.4.2 Flankenlinienabweichungen

Die Flankenlinie ist die Schnittlinie der Zahnflanke mit einem achskonzentrischen Zylinder, im Normalfall mit dem Teilzylinder des Zahnrades. An Geradverzahnungen sind Flankenlinien Geraden, an Schrägverzahnungen Schraubenlinien. Flankenlinienabweichungen sind auf den Stirnschnitt bezogen. Sie ergeben sich als senkrecht zur Evolvente (tangential zum Grundzylinder) und innerhalb des Flankenlinienauswertebereichs gemessene Abweichungen von der theoretischen Sollinie. Folgende Abweichungen von der Nennflankenlinie werden unterschieden:

- Flankenlinie-Gesamtabweichung F_{β}
- Flankenlinie-Formabweichung $f_{f\beta}$
- Flankenlinie-Winkelabweichung $f_{H\beta}$

Als Beispiel für eine Flankenlinienabweichung zeigt **Bild 6-8** ein Messprotokoll einer Flankenlinienwinkelabweichung $f_{H\beta}$ jeweils für eine Geradverzahnung und eine linkssteigende Schrägverzahnung, sowohl für die rechte als auch für die linke Flanke. In der Zahnradfertigung und Zahnradmesstechnik gilt für Einzelzahnräder eine Reihe von Festlegungen, die an Hand dieses Bildes erläutert werden.

In Fertigungsunterlagen werden nur die Beträge (Absolutwerte) der Schrägungswinkel eingetragen. Zusätzlich wird die Steigungsrichtung (r = rechtssteigend, l = linkssteigend) angegeben. Flankenlinienwinkelabweichungen im Sinne eines gegenüber dem Nennschrägungswinkel absolut größeren Schrägungswinkels werden als positiv bezeichnet und umgekehrt. Flankenlinienwinkelabweichungen bei Geradverzahnungen erhalten den Zusatz „r“ (d.h. im Sinne einer Rechtsschraube) oder „l“ (im Sinne einer Linksschraube), um die Richtung einer Abweichung zu erkennen. Für diesen Fall der Geradverzahnung ist das Vorzeichen für die Flankenlinienwinkelabweichung immer positiv, denn analog zu den Feststellungen bei schräg verzahnten Rädern vergrößert sich immer der Ist-Schrägungswinkel gegenüber dem Nenn-Schrägungswinkel. Ergeben Auswertungen der Flankenlinienprüfbilder an vier um etwa 90° versetzten Zähnen Differenzen in Größe und Richtung der Flankenlinienabweichung, so sind Taumel- und/oder Rundlaufabweichungen zwischen der Verzahnungs- und der Prüfachse vorhanden.

Geradverzahnung

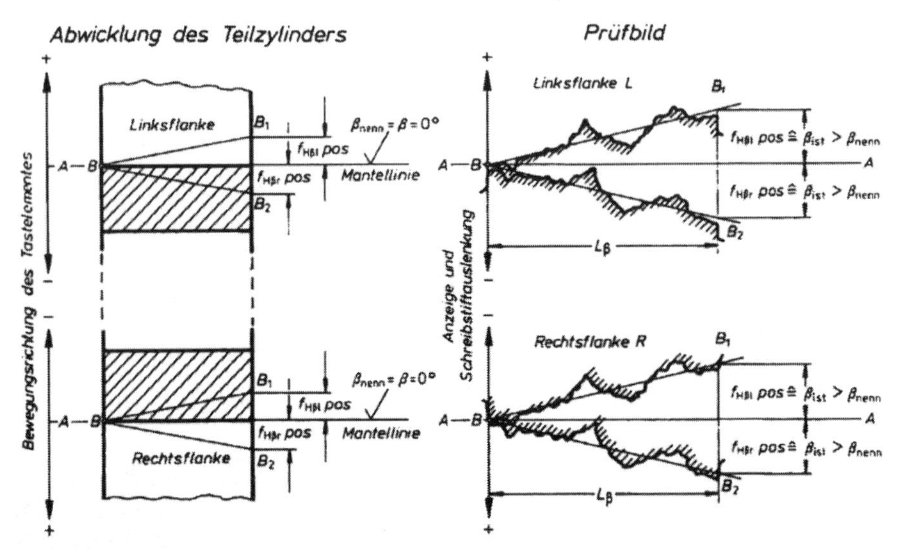

Schrägverzahnung

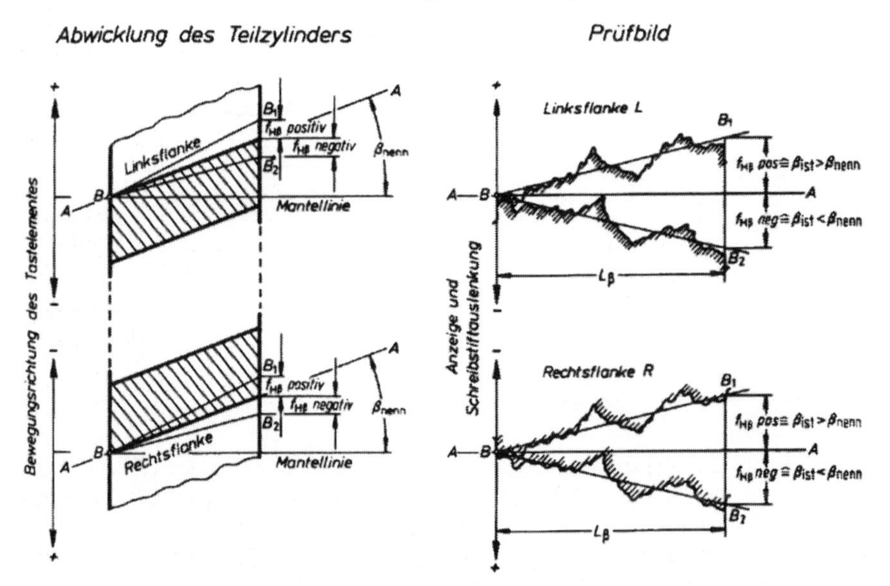

Bild 6-8: Flankenlinienabweichung /VDI-2612/

6.4.3 Abweichungen der Erzeugenden

Die Erzeugende ist eine Schnittlinie zwischen der Zahnflanke und einer an den Grundzylinder angelegten Tangentialebene. Die Erzeugenden sind Geraden, ihre Schräge entspricht dem Grundschrägungswinkel der Verzahnung. Bei Geradstirnrädern sind die Erzeugenden identisch mit den Flankenlinien. Abweichungen von der Sollform werden – wenn überhaupt – im Stirnschnitt und tangential zum Grundzylinder gemessen. Die Messung von Abweichungen der Erzeugenden hat in der allgemeinen Messpraxis keine Bedeutung. Folgende Abweichungen der Erzeugenden werden unterschieden:

- Erzeugenden-Gesamtabweichung F_E
- Erzeugenden-Formabweichung f_{fE}
- Erzeugenden-Winkelabweichung f_{HE}

6.5 Rundlaufabweichungen

Auch Rundlaufabweichungen werden heute fast ausschließlich mit Hilfe von Koordinatenmessgeräten ermittelt. Daneben sind auch einfachere Geräte im Einsatz. So kann eine schnelle Prüfung des Verzahnungsrundlaufs beispielsweise auch auf einem Zweiflanken-Wälzprüfgerät mit Lehrkugelkranz erfolgen. Dieses Gerät besteht aus einem Kranz gehärteter Kugeln hoher Genauigkeit, die sich auf einem zentrisch geschliffenen Ring abstützen. Mit dem Lehrkugelkranz können gerade und schräg verzahnte Räder von gleichem Modul und gleichem Eingriffswinkel geprüft werden. Während des Messvorgangs werden unterschiedliche Eintauchtiefen der Kugeln beim Abwälzen mit dem Zahnrad vom Wegaufnehmer des Zweiflanken-Wälzprüfgerätes erfasst und registriert.

Wo ein Mehrkoordinatenmessgerät verfügbar ist, werden in der Regel komplette Messzyklen für alle zu messenden Verzahnparameter durchgeführt. Dabei ist die Erfassung von Rundlaufabweichungen eingeschlossen. Zunächst wird das zu prüfende Zahnrad auf der Werkstückaufnahme so ausgerichtet, dass Prüflingsachse und Rundtischachse innerhalb der vorgegebenen Toleranzen übereinstimmen. Je nach Bauart des Messgeräts mit oder ohne CNC-Rundtisch erfolgt die Rundlaufprüfung dann auf unterschiedliche Art.

Bei einer Ausführung mit Rundtisch reicht für die Erfassung der Rundlaufabweichungen ein einfacher Taster aus, der radial zur Werkstückachse zugestellt wird. Bei universellen Messzyklen, die Rundlaufmessungen enthalten, wird nicht mit Zweiflankenanlage gearbeitet. In diesem Fall erfolgt die Erfassung der Rundlaufabweichung durch jeweiliges Antasten der linken und rechten Flanke in den Zahnlücken auf dem Bezugsdurchmesser mit einer anschließenden Rechnerauswertung und dem Vergleich zum theoretisch richtigen Wert. Dann werden die Koordinaten des Tastmittelpunktes vom Rechner übernommen. Anschließend wird das Tastelement aus der Zahnlücke gefahren und der Rundtisch um eine Teilung weitergedreht. Ausrichtfehler des Werkstücks werden meist durch entsprechende Software eliminiert. Bei einer Messmaschine ohne CNC-Rundtisch wird zunächst die Lage der Funktionsachse des Prüflings durch Antasten der Bohrung bzw. einer Welle bestimmt. Dann fährt der Messtaster, der in diesem Falle mehrere sternförmig angeordnete Tastelemente besitzt, um das stillstehende Werkstück und tastet Lücke um Lücke bis zur Zweiflankenanlage ab. Aus der Lage der gespeicherten Tastkugelmittelpunkte, bezogen auf Funktionsachse, kann die Rundlaufabweichung F_r berechnet werden.

6.6 Zahndicken- und Zahnweitenabweichungen

Damit Zahnräder bei gegebenem Achsabstand mit dem notwendigen Flankenspiel laufen, muss die Zahndicke in bestimmten Grenzen liegen. Auf **Bild 6-9** sind die Messgrößen zur Erfassung der Zahndicken- und Zahnweitenabweichungen angegeben. Danach wird die Dicke eines Zahnes auf dem Teilkreisdurchmesser gemessen, sie entspricht nach Definition der Länge eines Teilkreisbogens zwischen beiden Flanken eines Zahnes. Man unterscheidet zwischen der Stirnzahndicke s_t gemessen im Stirnschnitt und der Normalzahndicke s_n gemessen im Normalschnitt.

Meßgrößen

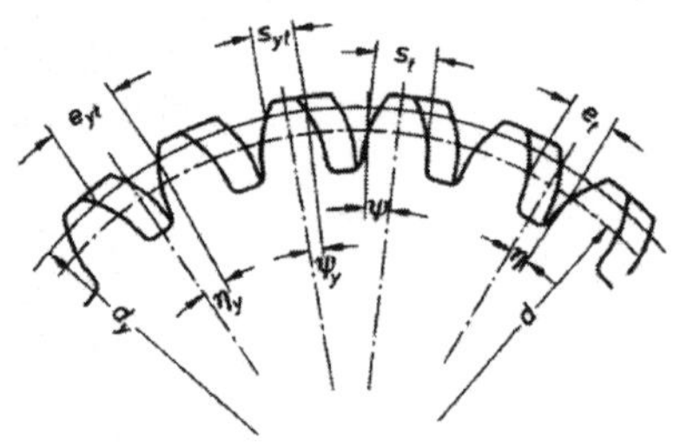

Teilkreisdurchmesser d
Meßkreisdurchmesser d_y
Stirnzahndicke s_t
Stirnzahndicke s_{yt}
Zahndicken-Halbwinkel ψ, ψ_y
Lückenweite e_t
Lückenweite e_{yt}
Zahnlücken-Halbwinkel η, η_y

Meßverfahren

- Zahndickensehne
- Zahnweite
- Radiales Einkugelmaß
- Diametrales Zweikugelmaß

Bild 6-9: Zahndicke und Zahnweite – Definitionen /DIN 3960/

Im Zusammenhang mit der Zahndicke steht die Lückenweite e (e_t, e_n). Sie beschreibt die Länge des Teilkreisbogens (Stirnschnitt) bzw. Schraubenlinienbogens (Normalschnitt) zwischen zwei Zahnflanken, die eine Zahnlücke einschließen. Die Addition von Lückenweite und Zahndicke führt zur Kreisteilung p_t.

Die Zahndicke ist als Kreis- oder Schraubenlinienbogen nicht unmittelbar messbar. Deshalb wurden Prüfmaße bestimmt, die mit der Zahndicke in einem mathematischen Zusammenhang stehen. Nach DIN 3960 sind dies folgende Prüfmaße:

- die Zahndickensehne s_n
- die Zahnweite W_k
- das radiale Einkugelmaß M_{rk} und
- das diametrale Zweikugelmaß M_{dk}.

Die Zahndickensehne s_n ist der kürzeste Abstand zwischen den Flankenlinien eines Zahnes am Teilzylinder. Sie ist die einzige am Zahn unmittelbar messbare Zahndickengröße. Zum Messen der Zahndicke an Stirnrädern mit geraden und schrägen Zähnen und an Kegelrädern gibt es als Handgerät den Zahndicken-Messschieber.

Die Zahnweite W_k ist definiert als der über k Zähne gemessene Abstand zweier paralleler Ebenen, die je eine Rechts- und Linksflanke berühren. Die Berührpunkte liegen in einer Tangentialebene an den Grundzylinder. Am Hohlrad wird die Zahnweite W_k über k Zahnlücken gemessen, in diesem Fall sind nur Geradverzahnungen messbar. Die Wahl der Messzähnezahl k erfolgt so, dass die Messebenen die Zahnflanken in halber Zahnhöhe berühren. Da die Zahnweite nicht auf die Radachse bezogen ist, ist sie unabhängig von der Außermittigkeit der Verzahnung.

Sehr häufig wird die Zahndicke mit Hilfe von Kugeln oder Rollen bestimmt, die zur Messung in die Zahnlücken gelegt werden. Auf **Bild 6-10** sind typische Anordnungen dargestellt. Man unterscheidet grundsätzlich zwischen dem radialen Einkugel- und dem diametralen Zweikugelmaß. Das radiale Einkugelmaß M_{rK} ist der Abstand zwischen der Radachse und dem äußerstem Punkt bei einer Außenverzahnung – dem innerstem Punkt bei einem Hohlrad – einer Messkugel mit Durchmesser D_M, die in der Zahnlücke an beiden Flanken anliegt. Beim diametralen Zweikugelmaß M_{dK} wird für Außenräder der größte äußere Abstand über zwei Kugeln, für Innenräder der kleinste innere Abstand über zwei Kugeln gemessen. Die Messkugeln werden in zwei am Zahnrad am weitesten voneinander entfernte Zahnlücken an den Zahnflanken angelegt. Der Durchmesser der Kugeln wird so bemessen, dass sie sich ungefähr in Teilkreisnähe an die Flanken anlegen. Dort sind Profilformfehler, die das Messergebnis beeinflussen, am geringsten.

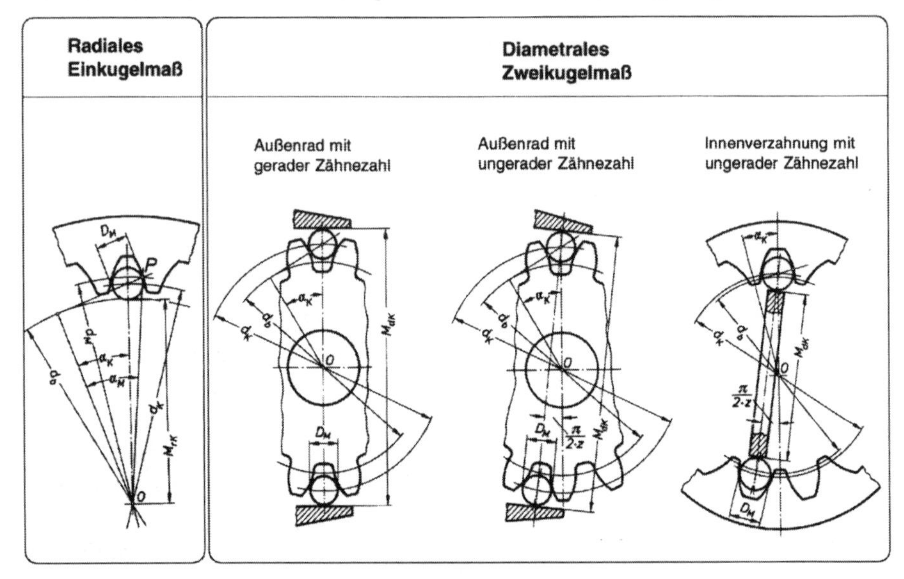

Bild 6-10: Zahndickenprüfung /DIN 3960/

Bei Geradverzahnungen und bei Außen-Schrägverzahnungen kommen statt der Messkugeln auch Messrollen zum Einsatz, man spricht dann vom radialen Einrollenmaß M_{rR} bzw. vom diametralen Zweirollenmaß M_{dR}. Die Prüfung des radialen Einkugelmaßes ist besonders für Schrägverzahnungen mit geringer Radbreite nicht bezugsfrei, da die Radachse der Bezugspunkt ist und Außermittigkeiten ins Messergebnis eingehen. Wenn also eine Zahnweitenmessung nicht möglich ist, andererseits eine bezugsfreie Messung der Zahndicke gefordert ist, muss das diametrale Zweikugelmaß ermittelt werden.

Als Messgeräte kommen zur Messung der Kugelmaße Kugelmikrometer oder Feinzeiger-Rachenlehren zur Anwendung, in deren Aufnahmebohrung für Messtaster kugelförmige Messeinsätze eingesetzt werden.

6.7 Wälzabweichungen

Hauptforderung für einen geräuscharmen Zahneingriff ist ein möglichst weicher Zahneingriffsverlauf ohne größere Geschwindigkeitsschwankungen. Messeinrichtungen zur Prüfung des Laufverhaltens von Zahnradpaarungen ermitteln deshalb keine Einzelabweichungen, sondern erfassen die Eignung eines Rades oder Radpaares für die gestellte Aufgabe. Man kann nur mittelbar folgern, dass gute Ergebnisse der Wälzprüfungen nur erreicht werden können, wenn keine zu großen Einzelfehler vorhanden sind. Wälzprüfungen werden unterschieden in Einflanken- und Zweiflankenprüfung.

6.7.1 Einflankenwälzprüfung

Bei der Einflankenwälzprüfung wälzen zwei Zahnräder unter vorgeschriebenem Achsabstand miteinander ab, wobei entweder die Rechts- oder die Linksflanken in ständigem Eingriff miteinander bleiben. Meistens wird ein Werkrad mit einem Lehrzahnrad gepaart. Dabei werden Abweichungen von einer fehlerfreien gleichförmigen Bewegungsübertragung gemessen. Die Einflankenwälzabweichung des Prüflings ist die Abweichung seiner Drehstellung von – durch Lehrzahnrad und Zähnezahlverhältnis gegebener – Sollstellung. Sie wird gemessen als Winkel oder als Strecke längs des Umfangs eines Kreises, z.B. des Teil- oder Grundkreises. Zur Messung dieser Abweichungen muss das Einflankenwälzprüfgerät eine Vergleichseinrichtung enthalten, die eine gleichförmige Bewegungsübertragung realisiert oder simuliert. Vergleichseinrichtungen gibt es mit mechanischer, elektrischer, optischer oder kombinierter Wirkungsweise.

Abweichungen von der gleichförmigen Bewegungsübertragung werden mit anzeigenden Messgeräten beobachtet oder mit Schreibgeräten in Diagrammform aufgezeichnet. Als Einflankenwälzabweichung F_i' bezeichnet man den größten Unterschied innerhalb eines bestimmten Wälzweges bei der Prüfung mit einem Wälznormal, also z.B. innerhalb einer Prüflingsumdrehung. Der zugehörige Einflankenwälzsprung f_i' ist der größte Unterschied der Anzeige innerhalb des einem Zahneingriff entsprechenden Wälzweges.

Das bei Einflankenwälzprüfgeräten angewandte Messprinzip basiert auf der Verwendung einer hochgenauen elektronischen Vergleichseinrichtung mit der Funktion eines idealen Vergleichsgetriebes. Die Vergleichseinrichtung besteht aus auf An- und Abtriebsseite angeordneten optisch-digitalen Präzisions-Drehgebern und einem schnellen Rechner, in dem das Soll-Übersetzungsverhältnis nachgebildet wird. Die laufende Multiplikation eines Zählerstandes mit dem Übersetzungsverhältnis und der anschließende Vergleich mit dem Zählerstand des zweiten Drehgebers ergibt die gesuchte Abweichung.

6.7.2 Zweiflankenwälzprüfung

Die Zweiflankenwälzprüfung erfasst Abweichungen beider Flankenseiten. Da in einem Getriebe Zahnräder in der Regel nur Einflankenanlage haben, entspricht die Zweiflankenwälzprüfung nicht den normalen Betriebsbedingungen. Sie gibt über die Funktion eines Getriebes weniger Aufschluss als die Einflankenwälzprüfung. Andererseits lässt sich mit keinem anderen Messverfahren in einem Messvorgang so viel Information über die Auswirkung der Einzelabweichungen von Links- und Rechtsflanken, d.h. auch über die Qualität des Zahnrades erreichen wie mit der Zweiflankenwälzprüfung. Trotz aller Einschränkungen ist es bei genügender Erfahrung möglich, aus einem Zweiflankenwälzdiagramm Rückschlüsse auf die Art der Einzelabweichungen zu ziehen. Sie sind wegen der Zweiflankenanlage allerdings unter Umständen nicht so gut zu lokalisieren wie bei der Einflankenwälzprüfung.

Bei der Zweiflankenwälzprüfung wälzen zwei Zahnräder spielfrei miteinander ab. Dabei sind stets linke und rechte Flanken gleichzeitig im Eingriff. Die von Verzahnungsabweichungen verursachten Achsabstandsschwankungen werden gemessen. Ein Zweiflankenwälzprüfgerät muss einen veränderlichen Achsabstand zulassen, damit in jeder Eingriffsstellung Spielfreiheit gewährleistet ist. Meist wird dies durch einen beweglichen Schlitten erreicht, auf dem eines der beiden Räder aufgenommen wird. Bei der Zweiflankenwälzprüfung können sowohl Werkrad (Prüfling) mit Wälznormal (Lehrzahnrad) als auch zwei Werkräder miteinander geprüft werden.

7 Die Herstellung von Getriebeteilen

Die Herstellung von Verzahnungen an Getriebeteilen erfolgt in der Regel nicht durch die Nutzung nur eines einzelnen Verfahrens, sondern als Folge mehrerer Verzahnungsoperationen. Dies gilt besonders dann, wenn – wie beispielsweise bei Automobilgetrieben – die Zahnräder im praktischen Einsatz hohen Belastungen ausgesetzt sind. In solchen Fällen wird häufig nach Weichvorbearbeitung und Wärmebehandlung eine ergänzende Hartfeinbearbeitung der Zahnflanken durchgeführt.

Die Wahl der Verfahrensfolge richtet sich nach technischen Erfordernissen und nach wirtschaftlichen Gesichtspunkten, aber auch nach Erfahrungen und Randbedingungen bei Anwendern, manchmal sogar nach subjektiven Überzeugungen der für die Herstellung verantwortlichen Mitarbeiter. Nachfolgend werden einige eingeführte Verfahrensfolgen beispielhaft dargestellt und erläutert.

In der Weichbearbeitung überwiegen die spanenden Verfahren Wälzfräsen und Wälzstoßen. Die Entscheidung, welches dieser Verfahren zur Anwendung kommt, entscheidet sich an der Lage der Verzahnung innerhalb der gesamten Werkstückgeometrie. Ist die Zugänglichkeit des Werkzeugs zur Bearbeitung des Werkstücks unproblematisch, wird in der Regel wälzgefräst. In der Massenproduktion kommen auch Räumverfahren oder spanlose Verfahren zum Einsatz, diese sind jedoch im Wesentlichen auf Geradverzahnungen mit kleinen Abmessungen beschränkt.

Vor allem im Bereich kleiner Zahnräder und Module wird aus Kostengründen oft keine Hartfeinbearbeitung der Zahnflanken nach der Wärmebehandlung durchgeführt. Dies wird dann möglich, wenn die Weichbearbeitung mit hoher Genauigkeit erfolgt ist und die Maßabweichungen durch die Wärmebehandlung klein sind, was bei kleinen Verzahnungen eher gewährleistet ist. Deshalb werden Verzahnungen, die nach der Wärmebehandlung keine weitere Zahnflankenbearbeitung mehr erfahren, in der Regel im weichen Zustand noch geschabt. Darüber hinaus wird der Härteprozess so gesteuert, dass die auftretenden Verzüge vernachlässigbar bleiben.

Immer häufiger ist es wegen der auftretenden Belastungen und wegen der Anforderungen an den geräuscharmen Lauf von Zahnradgetrieben unerlässlich, nach der Wärmebehandlung auch eine Hartfeinbearbeitung durchzuführen. Aus wirtschaftlichen Erwägungen heraus wird dabei angestrebt, mit einem einzigen Hartfeinbearbeitungsverfahren auszukommen. Dies ist aber nicht immer möglich, weil nach dem Schleifen als leistungsfähigem Prozess oft zur Verbesserung der Oberfläche noch ein Hon- bzw. Schabschleifvorgang nachgeschaltet werden muss. Diese Problematik hat zu Entwicklungsanstrengungen geführt, die Leistungsfähigkeit des Honens so zu steigern, dass nicht nur Oberflächenverbesserungen, sondern auch geometrische Veränderungen der Zahnflanken möglich werden und damit auf das Honen als einzigem Hartbearbeitungsverfahren zurückgegriffen werden kann. Andererseits gibt es Bestrebungen, durch gezielte Steuerung von Achsbewegungen auf Verzahnungsschleifmaschinen „honähnliche" Oberflächen zu erzeugen.

Die Entscheidungen über anzuwendende Verfahrensfolgen fallen in erster Linie – wie oben bereits erwähnt – nach technischen und wirtschaftlichen Gesichtspunkten. Diese können aber dann zu unterschiedlichen Ergebnissen führen, wenn der bereits vorhandene Fertigungspark eines Getriebeherstellers bei Wirtschaftlichkeitsüberlegungen mitbeurteilt und das Risiko der Einführung neuer, bis dahin unbekannter Verfahren unterschiedlich hoch eingeschätzt wird.

Die Einführung neuer Verfahren und Verfahrensfolgen erfolgt deshalb immer über einen gewissen Zeitraum und nie schlagartig. Sie geschieht aber schneller, wenn neue, nachweislich leistungsfähigere Verfahren oder Maschinen angeboten werden.

Auch neue technologische Anforderungen an die Verzahnungen in Getrieben können zu Veränderungen bei Verfahrensabläufen führen. So hat beispielsweise der aus Gründen der Geräuschreduzierung notwendige Übergang von Gerad- auf Schrägräder bei Innenverzahnungen mehrere Auswirkungen auf die Art und Wirtschaftlichkeit der Herstellung dieser Räder. Die Chancen der spanlosen Verzahnungsherstellung sinken mit steigendem Schrägungswinkel. Falls Wälzstoßmaschinen erforderlich sind, wird sich ein höheres Investitionsvolumen durch zusätzliche oder verstellbare Schraubenführungen ergeben. Auswirkungen dieser Art werden in gut organisierten Betrieben sogar die Konstruktion neuer Getriebe insofern beeinflussen, als diese bereits die Möglichkeiten und die Wirtschaftlichkeit der Zahnflankenbearbeitung in weichem und hartem Zustand berücksichtigen muss.

8 Quellenverweis und weiterführende Literatur

/BAU-94/ Th. Bausch u.a.
Moderne Zahnradfertigung (Th. Bausch)
expert Verlag, 1994

/BAU-15/ Th. Bausch u.a.
Innovative Zahnradfertigung (Th. Bausch)
Kontakt & Studium Band 175, 5. Auflage
expert Verlag, 2015

/DIN 868/ Deutsches Institut für Normung e.V.
Allgemeine Begriffe und Bestimmungsgrößen
für Zahnräder, Zahnradpaare und Zahnradgetriebe
Beuth Verlag GmbH, Berlin

/DIN 3960/ Deutsches Institut für Normung e.V.
Begriffe und Bestimmungsgrößen für Stirnräder und
Stirnradpaare mit Evolventenverzahnung
Beuth Verlag GmbH, Berlin

/DIN 3998/ Deutsches Institut für Normung e.V.
Benennung an Zahnrädern und Zahnradpaarungen
Beuth Verlag GmbH, Berlin

/DOE-95/ E. Doege, J. Thalemann, C. Westerkamp
Präzisionsschmieden von Zahnrädern
Werkstattstechnik 85 (1995)

/DUB-96/ Dubbel
Taschenbuch für den Maschinenbau
Hrsg. von W. Beitz und K.-H. Grote, 1996

/EIC-98/ K. Eichner, E. Hammerschmidt
Innenprofilierte Verzahnungswerkzeuge erreichen hohen
Überdeckungsgrad
Maschinenmarkt, Würzburg 104 (1998) 45

/ETM-05/ B. Etmanski, E. Grundler
EMO 2005 – the Business Machine
VDI-Z 147 (2005), Nr 11/12, November/Dezember

/FAU-96/ I. Faulstich
Hartschälen und Schabschleifen
Lehrgang " Praxis der Zahnradfertigung"
TA Esslingen, 03/1996

/FEL-87/ K. Felten
Effective Gear Shaping Principles
American Pfauter Gear Process Dynamics Clinic
Oak Brook Hills Resort, 09/1987

/FEL-88/ K. Felten, P. Berends
Optimales Wälzstoßen
Werkstatt und Betrieb 121 (1988) 4

/FEL-91/ K. Felten
Verzahnmaschinen flexibler und bedienerfreundlicher
Werkstatt und Betrieb 124 (1991) 5

/FEL-95/ K. Felten
Wälzstoßen mit 3000 DH/min
Sonderdruck dima, 03/1995
AGT Verlag Thum GmbH, Ludwigsburg

/FRE-92/ H. Freund
Konstruktionselemente Band 2
Lager, Kupplungen, Getriebe
BI-Wissenschaftsverlag, 1992

/GEH-00/ H. Gehlen, L. Wendt
Formschleifen zylindrischer Verzahnungen
Werkstatt und Betrieb 133 (2000) 6

/GEN-99/ H. Gensert
Verzahnungswalzen – Maschine, Werkzeug und Verfahren aus einer Hand
dima 5-6, 1999
AGT Verlag Thum GmbH, Ludwigsburg

/GER-01/	M. Gerber Innenprofile harträumen mit Diamantwerkzeugen Schweizer Präzisions-Fertigungstechnik, August 2001
/GRA-96/	P. S. Graham Herstellung von sehr großen Zahnrädern aus Gusseisen mit Kugelgraphit Gießerei-Praxis Nr. 1-2, 1996
/HEL-02/	U. Hellfritzsch, P. Strehmel Walzen statt spanen in der Stirnradfertigung Werkstatt und Betrieb 135 (2002) 3
/HOE-89/	W. Höfler Verzahntechnik I / Verzahntechnik II Vorlesungsskript, 1989
/KAL-97/	E. Kalhöfer Immer produktiver Verzahnen Werkstatt und Betrieb 130 (1997) 12
/KLI-07/	Klink, Karl: Firmenfoto, 2007
/KOE-84/	W. König Fertigungsverfahren Band 1 Drehen, Fräsen, Bohren VDI Verlag Düsseldorf, 1984
/KOE-96-1/	W. König Fertigungsverfahren Band 2 Schleifen, Honen, Läppen VDI Verlag Düsseldorf, 1996
/KOE-96-2/	W. König Fertigungsverfahren Band 4 Umformen VDI Verlag Düsseldorf, 1996
/KOE-00/	T. Koepfer Zähne zeigen Werkstatt und Betrieb 133 (2000) 1/2

/KRA-96/ Krämer
Wälzstoßen – einmal anders
Unveröffentlichtes Vortragsmanuskript, 1996

/KRE-85/ Krebsöge
Sinterformteile
Firmenprospekt, 1985

/KRE-03/ B. Kreißig, M. Stanik
Verzahnungen spanlos wirtschaftlicher fertigen
Werkstatt und Betrieb 136 (2003) 6

/LAN-04/ H. Lang, J. Schmidt, J. Fleischer
Werkzeug und Prozessgestaltung beim Trockenräumen
VDI-Z August 2004

/LIE-94/ Liebherr
Schälwälzfräsen gehärteter Zahnräder
Firmenschrift, 1994

/LIE-01/ T. Lierse, M. Kaiser
Abrichten von Schleifwerkzeugen für die Verzahnung
Industrie Diamanten Rundschau IDR 35 (2001) Nr. 4

/LIE-04/ Autorenteam
Verzahntechnik – Informationen für die Praxis
Liebherr Verzahntechnik Kempten, 2004

/LOR-77/ Lorenz
Verzahnwerkzeuge
Handbuch für Konstruktion und Betrieb
G. Braun GmbH, Karlsruhe, 3. Auflage 1977

/LOR-96/ Lorenz
Workshop
Unveröffentlichtes Manuskript, 1996

/MAA-63/ MAAG-Taschenbuch
Berechnung und Herstellung von Zahnrädern und Zahnradgetrieben für Konstrukteure und Betriebsleute
MAAG-Zahnräder Aktiengesellschaft
Zürich, 1963

/MAA-85/ MAAG-Taschenbuch
Berechnung und Herstellung von Verzahnungen
in Theorie und Praxis
MAAG-Zahnräder Aktiengesellschaft
2. erw. u. erg. Aufl., Zürich, 1985

/MAT-40/ C. Matschoß
Geschichte des Zahnrades, 1940
VDI-Verlag GmbH, Berlin

/NIE-61/ Niemann
Maschinenelemente Band 2: Getriebe
Springer Verlag, 1961

/OPH-94/ L. Ophey
Hochleistungs-Wälzfräsen ohne Kühlschmierstoffe
Werkstatt und Betrieb 127 (1994) 5

/PFA-76/ Pfauter
Wälzfräsen Teil 1
2. Auflage, Springer Verlag, 1976

/PFA-96/ Pfauter
CNC-Schabemaschinen
Firmenprospekt, 1996

/REI-92/ Reishauer – Fibel
Verzahnungsschleifen
Reishauer AG, Zürich, 1992

/ROH-95/ J. Rohmert
Verzahnen – Fachgebiete in Jahresübersichten
VDI-Z 137 (1995) Nr. 11/12 – November/Dezember

/ROH-96/ J. Rohmert
Verzahnen – Fachgebiete in Jahresübersichten
VDI-Z 138 (1996) Nr. 10 – Oktober

/ROH-97/ J. Rohmert
Verzahnen – Fachgebiete in Jahresübersichten
VDI-Z 139 (1997) Nr. 10 – Oktober

/ROH-98/ J. Rohmert
Verzahnen – Fachgebiete in Jahresübersichten
VDI-Z 140 (1998) Nr. 10 – Oktober

/ROH-99/ J. Rohmert
Verzahnen – Fachgebiete in Jahresübersichten
VDI-Z 141 (1999) Nr. 11/12 – November/Dezember

/ROH-00/ J. Rohmert
Verzahnen – Fachgebiete in Jahresübersichten
VDI-Z 142 (2000) Nr. 11/12 – November/Dezember

/ROH-01/ J. Rohmert
Verzahnen – Fachgebiete in Jahresübersichten
VDI-Z 143 (2001) Nr. 9 – September

/ROH-02/ J. Rohmert
Verzahnen – Fachgebiete in Jahresübersichten
VDI-Z 144 (1998) Nr. 11/12 – November/Dezember

/SCH-82/ Schmid
Feinschneiden – eine wirtschaftliche Fertigungsmethode
Schmid Rapperswil, 1982

/SCH-94-1/ H. Schriefer
Schaben als Zahnflankenbearbeitung
Lehrgang-Nr. 14381 / 62.134
TA Esslingen, 10/1991

/SCH-94-2/ H. G. Schmidt
Wärmebehandlung von Zahnrädern
Moderne Zahnradfertigung (Th. Bausch)
expert verlag, 1994

/SCH-94-3/ H. Schriefer
Hartfeinbearbeitung mit zahnradförmigen Werkzeugen
Moderne Zahnradfertigung (Th. Bausch)
expert verlag, 1994

/SCH-96/ P. Schäcke
Hartbearbeitung von Zahnrädern –
kostenoptimale Verfahren
VDI-Berichte Nr. 1230, 1996

/SCH-99/ J. Schöck, M. Kammerer
Verzahnungsherstellung durch Kaltfließpressen
Umformtechnik 4/1999

/SCH-03/ J. Schmidt, H.-P. Tröndle, K. Felten, A. Bechle
Anforderungen an die Neuentwicklung einer Wälzschälmaschine –
mechatronische Analyse des Maschinenkonzeptes
wt Werkstattstechnik online, Jahrgang 93 (2003), Heft 7/8

/STA-93/ H. J. Stadtfeld
Theorie und Praxis der Spiralkegelräder
Selbstverlag, 1993

/STA-03/ H. J. Stadtfeld
Die zweite Revolution im Verzahnen von Kegelrädern
Werkstatt und Betrieb 136 (2003) 6

/SPU-91/ G. Spur
Vom Wandel der industriellen Welt
durch Werkzeugmaschinen
Hanser Verlag, 1991

/WEC-88/ M. Weck
Werkzeugmaschinen Band 1
Maschinenarten, Bauformen und Anwendungsbereiche
VDI Verlag, Düsseldorf, 1988

/WZL-93/ WZL / TH Aachen
Zahnrad und Getriebeuntersuchungen
34. Arbeitstagung, 05/1993

/VDI-93/ VDI-Berichte 1056
Verzahnungen / Tagungsbericht 1993
VDI Verlag GmbH, Düsseldorf

/VDI-2612/ Verein Deutscher Ingenieure – Richtlinien
Prüfung von Stirnrädern mit Evolventenprofil
Profilprüfung / Flankenlinienprüfung
Beuth Verlag GmbH, Berlin

9 Index

Dr.-Ing. Dieter Liedtke und 4 Mitautoren

Wärmebehandlung von Eisenwerkstoffen I

Grundlagen und Anwendungen

10., akt.. Aufl. 2017, 440 S., 455 Abb., 30 Tab., 69,80 €
(Kontakt & Studium, 349)
ISBN 978-3-8169-3401-1

TAE
Dieter Liedtke
und 4 Mitautoren
Wärmebehandlung von Eisenwerkstoffen I
Grundlagen und Anwendungen
10., aktualisierte Auflage
Mit 455 Bildern und 30 Tabellen
Kontakt & Studium Band 349
expert verlag

Zum Buch:
Die Kenntnis der durch ein Wärmebehandeln im Werkstoff bewirkten Änderungen sowie deren Auswirkungen auf die Eigenschaften der Werkstücke und Werkzeuge ermöglicht es, die Werkstoff- und Verfahrensauswahl im Hinblick auf Fertigungskosten und Qualität zu optimieren, Beanstandungen an wärmebehandelten Teilen zu vermeiden, Fehlerursachen zu erkennen und abzustellen.
Die Leser werden in die Lage versetzt, selbständig die Werkstoff- und Verfahrensauswahl zu treffen, die dazu erforderlichen Fertigungsunterlagen zu erstellen, die Werkstückform wärmebehandlungsgerecht zu gestalten sowie mögliche Fehlerursachen zu erkennen.
Für die 10. Auflage wurden die Kapitel »Beanstandungen an wärmebehandelten Bauteilen – Fallbeispiele«, »Prüfen des wärmebehandelten Zustands« und »Wärmebehandlungsangaben in Zeichnungen und Fertigungsunterlagen« überarbeitet.

Inhalt:
Verhalten der Eisenwerkstoffe unter dem Einfluss der Zeit-Temperatur-Folge beim Wärmebehandeln – Härten, Anlassen, Vergüten – Bainitisieren – Härtbarkeit: Eignung der Eisenwerkstoffe zum Härten – Randschichthärten – Aufkohlen, Carbonitrieren, Einsatzhärten: Grundlagen und praktische Durchführung – Nitrieren und Nitrocarburieren – Borieren und Chromieren – Glühen: Grundlagen und praktische Durchführung – Beanstandungen an wär-mebehandelten Bauteilen – Allgemeine Aspekte – Beanstandungen an wärmebehandelten Bauteilen – Fallbeispiele – Prüfen des wärmebehandelten Zustands – Wärmebehandlungsangaben in Zeichnungen und Fertigungsunterlagen

Die Interessenten:
Das Buch ist ein nützliches Hilfsmittel besonders für diejenigen, deren Aufgabe darin besteht, die Werkstoff- und Verfahrensauswahl im Hinblick auf Fertigungskosten und Qualität zu optimieren, die beim Wärmebehandeln möglichen Fehler zu erkennen und Fertigungsstörungen zu vermeiden.

Blätterbare Leseprobe
und einfache Bestellung unter:
www.expertverlag.de/3401

Rezensionen:
»Das Buch ist eine Hilfe für den Praktiker und dient als Nachschlagewerk für all jene in der Werkstofftechnik, die mit ihren Aufgaben wachsen wollen – aber auch an ihnen gemessen werden.«
MM – MaschinenMarkt

»Das Buch versetzt die Leser in die Lage, selbständig Fertigungsunterlagen zu erstellen, die Werkstückform wärmebehandlungsgerecht zu gestalten sowie mögliche Fehlerursachen zu beurteilen. Hervorzuheben ist der äußerst praxisnahe Charakter des Buches, der es zu einem wertvollen Nachschlagewerk für die praktische Wärmebehandlung werden lässt.«
Aluminium

»Es handelt sich auch in diesem Fall um ein sehr empfehlenswertes Handbuch aus dem expert verlag, das sicherlich rasch eine dem Buch angemessene große Verbreitung erlangen wird.«
Materials and Corrosion

Bestellhotline:
Tel: 07159 / 92 65-0 • Fax: -20
E-Mail: expert@expertverlag.de